文化鑄魂

開創企業與員工的
無限潛能

成就夥伴就是成就自己

從內部凝聚力到外部競爭力的全面提升

徐耀東　著

打造企業文化,每個員工都是不可或缺的一部分
在企業中找到屬於自己的價值和目標
藉由願景和使命,凝聚團隊
成就夥伴就是成就自己
在有限的時間裡,展現勤奮的真諦

目錄

目錄

目錄

後記

自序

近年來，隨著世界經濟增長速度放緩，市場競爭壓力日趨緊張，越來越多的企業開始陷入迷茫，尤其是很多中小型企業，遭遇發展瓶頸。

長期以來，很多企業都將企業發展中的各種問題歸因於企業管理問題，企業管理者都在考慮如何提升企業管理效率，專家學者也為此推出各種管理理論，如科學管理、資訊化管理、扁平化管理、人性化管理等。

管理問題的解決方案可謂數不勝數，企業似乎總能找到適合自己的方法。我在長期的諮商調查中發現，很多企業將目光局限於管理手段，卻忽視了企業文化的建設與落實。

每當管理者詢問我如何解決這些問題時，我都會問一個問題：「你的企業文化是什麼？」這時，他們則會表現出一臉茫然，似乎在說：「這有什麼用？」

一家烤鴨連鎖店的規模一度達到 100 多家店，但在此後，烤鴨店的發展卻遇到瓶頸，不僅連鎖店規模只剩 20 多家，使核心創始人遇到前所未有的挑戰。2018 年底，烤鴨店的創始人打電話給我想要諮商連鎖營運管理的解決方案，經過初步溝通後，他決定來參加我們集團的課程進行學習。

在課堂上，我們分享了關於創始人如何引領團隊、成就員工的各項內容。我特地問了烤鴨店創始人：「你的企業願景是什麼？」如果你的企業沒有願景或使命，那你的企業又如何能夠發揮指引作用，統一思想、凝聚班底，進而成就員工？

因此，我們最終幫烤鴨店確定的願景是「成為全國烤鴨加盟連鎖第

一品牌」，而烤鴨店的使命則是「讓平凡的家庭、平凡的人過不平凡的生活」。

我們的詮釋是：烤鴨店的盈利模式實際來自烤鴨店的招商加盟，不僅是終端消費者，因此烤鴨店的客戶正是那些想創業者。基於這樣的客戶定位，烤鴨店的使命必然是要幫助這些創業者賺更多錢，幫助這些平凡的家庭過上不平凡的生活。

企業文化的重塑和品牌故事的定型，讓烤鴨店走上了全然不同的發展道路。經過 2019 年的完善發展，即使經過 2020 年的新冠疫情暴發，烤鴨店的連鎖店規模也迅速發展到 700 多家。我總是更強調企業文化的問題，這是因為，當今時代的企業競爭必然遵循一個成功方程式，那就是：成功＝願力 × 能力 × 德力。

（1）願力，是我們對待事業的愛，包括志向、願景、使命感等。三度的其中一個「度」——有態度，說的就是願力。

（2）能力，是我們工作、生活中的行動。包括學習能力、練習的能力、實踐的能力、總結的能力等。三度的其中一個「度」——有深度，說的就是能力。

（3）德力，是我們的善心，做事、做人的初心。當我們在工作生活中面對他人的時候，我們要有利他之心、利他之行，要懂得當下利他。三度的其中一個「度」——有厚度，說的就是德力。

這就是成功方程式，無論時代如何發展、社會如何變遷，任何成功都離不開這三個要素。

人是如此，企業亦是如此。回到企業營運的環境來看，我們遇到的那些困難，真的是因為企業缺乏潛力，或者員工缺乏能力嗎？更多時候，種

種問題的產生，其實是因為態度的缺失，也即企業文化的缺位。

文化是一切組織的靈魂，缺少文化的企業就不可能強大。而當企業文化得到成員認可並共同遵循時，企業文化不僅能夠引起全員共鳴，激發全員鬥志，更能夠推動個人目標與企業目標的共同實現。

在從事企業諮商服務的這些年裡，雖然我也會為學員量身打造具體的解決方案，但這一切都是以企業文化為前提。只要是取得非凡成就的人，必然以堅定、奮進的態度面對人生；只要是取得非凡成就的企業，必然都是擁有強大文化並實現的企業。

本書正是立足於企業文化的價值與作用，以願景、使命、價值觀為核心，從企業與個人的兩個層面探討如何實現企業文化實現，並依靠企業文化帶動員工與企業的共同成長，打造出一個強戰鬥力的團隊和高凝聚力的班底！

徐耀東

自序

前言

進入 21 世紀以來，市場已經誕生出太多的傳奇人物和傳奇企業，如賈伯斯與蘋果、馬斯克與特斯拉……無數人都在研究這些企業家及其企業的成功原因，希望能夠成為「×××第二」。

然而，發展環境無法復刻，市場機遇也難以重複，這些傳奇故事真正能夠傳承下去的唯有企業文化，而這正是企業成功的關鍵因素。

企業文化是企業的靈魂，看似虛無縹緲的文化，卻是企業能夠引起全員共鳴、激發全員鬥志的核心驅動力，更能夠為個人目標和企業目標的實現指路。無論是企業競爭發展，還是個人事業進步，都需要文化這一靈魂作為支撐，否則，企業或個人將在不斷前進的過程中失去動力、迷失方向。

如今，越來越多的企業開始認識到企業文化的重要性。

但如何讓看似虛無縹緲的文化真正實現，卻成為無數企業家的共同難題。基於此，本書希望能夠為讀者朋友提供一套企業文化實現的完整方案。

本書從企業文化的價值與作用出發，深入探討企業文化的實現方案。與其他企業文化實現方案不同的是，本書不僅站在企業的角度討論如何發揮企業文化效能，而且站在個人的角度討論價值觀與使命的效用；不僅幫助個人擺脫工作與生活的對立關係，而且也詳細闡述了企業文化與企業制度的協同方案。

之所以如此設計，正是因為，一個強大的企業文化必然源自企業與個

人的相互作用，企業可以引導企業文化的大方向，個人也會影響企業文化的小細節；但無論如何相互作用，如果無法得到企業與個人的共同認可，那企業文化的實現也就無從談起。

同時，企業文化蘊含的願景、使命和價值觀，不僅作用於企業發展，而且也作用於企業每個成員的工作與生活，它將指引企業與個人在有限的生命裡做出更有意義的事情。

因此，本書不僅適用於企業管理者，同樣適用於企業員工閱讀，希望讀者朋友們能夠透過閱讀本書，在企業文化上達成共識，從而共同推進企業文化的實現，讓企業的價值得以實現，也讓個人的人生更具意義。

第一章
企業無魂則不強，事業無魂不長遠

　　企業文化是企業的靈魂，看似虛無縹緲的文化，卻是企業引起全員共鳴、激發全員鬥志的核心驅動力，更能夠為個人目標和企業目標的實現而指路。無論是企業競爭發展，還是個人事業進步，都需要文化這一靈魂作為支撐，否則，企業或個人也將在不斷前進的過程中失去動力、迷失方向。

01
為什麼文化是人類最強大的力量

　　文化是組織的團體心智模式和行為模式，也是能夠成為習慣的精神價值和生活方式，在文化的作用下，組織最終將形成集體人格。這裡的組織小到一個團隊，大到一個企業，甚至一個民族、一個國家，任何組織的形成和傳承，都離不開文化作為靈魂。

　　具體而言，文化的內涵十分複雜，包含歷史、地理、風土人情、傳統習俗、生活方式、文學藝術、行為規範、思維方式、價值觀念等各個方面，它是一個極大的理念範疇。也正是在多方面的薰陶和影響下，每個人的思想和行為都會受到文化的規範，這樣的規範也讓人類得以創造生物學上的奇蹟。

　　從生物進化的角度，我們能夠理解猿猴最終進化為人類，但這卻很難解釋：

　　人類為何如此獨特，當人類的近親猿猴仍在茹毛飲血時，人類卻已經能夠製造出火箭將自己送上月球？動物雖然也會合作，但卻沒有法律、制度、道德，更不像人類社會一樣充滿象徵意義？

　　燕雀可以發出嚶鳴之聲，但貝多芬卻可以譜寫出交響樂；黑猩猩懂得釣食螞蟻，但廚師們卻能烹飪出滿漢全席；或許有動物可以數 1、2、3，但牛頓卻可以創立微積分……

　　坐在辦公室中的我們，不妨也嘗試思考一下：窗外的那座摩天大樓，是如何出現的呢？我們當然知道，它是由建築工人建造而成。正是這樣一

批工人，只需經過培訓，他們不僅可以修建大樓，還可以建造碼頭、橋梁、運河等，而小鳥、工蟻、工蜂們卻只會築巢，再不會做其他建築。

事實上，在一座建築的修建中，我們可以看到令人震驚的合作力，所有工人都必須在適當的時間和地點進行合作，從而確保這座建築有牢固的地基和門窗，布局合理的電線和管路，美觀舒適的牆面和電器，其中涉及購置材料、勞務分包、機械操作、工具使用、財務運作等諸多事務，所有這一切共同互動形成一張龐大細密的網路，最終結成一座供人們使用的建築。人們又在這座建築裡工作，進而在分工合作中創造出更大的價值。

達爾文的進化論可以有效地解釋生物的漫長進化，但在關於「智力」進化的論題時，達爾文卻坦言：「毫無疑問，探尋從低等動物到人類的每一種不同能力的發展過程都將是十分有趣的。但我的能力和知識有限，難以嘗試。」

毋庸置疑，人類的智力、語言、合作、學習和道德都是人類獨有的特徵，正是這些特徵幫助人類取得了非凡的成就，成為生物界甚至已知宇宙中最特殊的生物，而這些都要歸因於人類獨特且強大的文化能力。

人類的智力並非生物界中最高的，如黑猩猩、海豚、大象、烏鴉等動物都展現出了豐富且複雜的認知能力，但只有人類，在不同文化特質的競爭中，在複雜交織的文化中，我們的行為和技術不斷變化疊代進步，我們的知識得以共享與傳承，我們解決問題的能力得以持續提升，我們洞察世界的能力也隨之增強。

縱使不談人類與動物的區別，在人類內部的民族傳承中，文化同樣發揮了強大的作用。

正如《論語》中寫道：「夷狄之有君，不如諸夏之亡也。」在孔子看來，

即使是有君王的邊疆夷狄，也不如沒有君王的華夏文明，這正是因為文化的差別。在文化的影響下，即使沒有君王，人類文明也能不斷進步；但如果沒有文化，所謂君王卻更類似酋長，部落生存也難以為繼。

在漫長的人類發展歷史上，中華民族之所以能夠傳承至今，正是因為傳統文化的久遠博大，使其成為中華民族的重要凝聚力，確保中華民族生生不息、日新月異，甚至潤澤全球。

自從人類從森林走向城市，我們就需要建立起一套有效的生存秩序，以維護社會的發展進步。承載這一需求的文化，則能夠影響人類的交往行為和交往方式，更能夠影響人們的實踐活動、認知活動和思維方式，在約束人類生活習慣的同時，讓人們在合作中創造出非凡的成就。

當然，文化並非一成不變的，隨著科學技術、生產關係的革新，新的文化不斷產生，落後的文化不斷去除，而在去蕪存菁的發展中，人類社會也將持續進化，進而迎來嶄新的未來。

02
企業文化：企業的靈魂所在

　　無論是人類社會的延續，還是國家、民族的繁榮，都離不開文化作為支撐。

　　文化是一切組織的靈魂，對企業而言也同樣如此。當企業文化得到成員認可並共同遵循時，企業文化不僅能夠引起全員共鳴、激發全員鬥志，更能夠推動個人目標與企業目標的共同實現。

　　企業文化就是企業領導者關於想要辦成怎樣一家企業的宣言，這對外是一面旗幟，對內則是一種向心力。事實上，在企業的存續與發展中，真正有價值且能流傳下去的，不是企業產品，而是企業文化。沒有企業文化的企業，且不談有何傳承，它們甚至不可能變得強大。

1. 企業文化源自創始人文化

　　如果我們仍然難以理解企業文化作為企業靈魂的重要性，那不妨先從企業文化的起源來理解。這裡的「起源」，並非企業文化這一概念的發展起源，而是每個企業自身文化的來源。

　　在企業創立之初，創始人的願景、使命、價值觀及其性格、行為邏輯等各種要素，共同構成了企業文化的「種子」。

　　簡單而言，如果創始人喜歡腳踏實地，那企業成員也會踏實幹活，最終催生出「穩健發展」的企業文化；如果創始人喜歡吹牛，那企業成員自然信口開河，最終催生出「光說不練」的企業文化。其原因簡單，任何與創始人頻率不一致的員工，都會慢慢被創始人的「氣場」所感染，他們要

麼被「改造」，要麼選擇離職。

　　在企業文化的語境下，企業內並沒有「異類」的生存土壤。因此，我們只需看看企業創始人和老員工的狀態，就能大致判斷企業的狀態。在那些沒有靈魂的企業中，我們能看到的也只有庸碌、消極的員工。

2. 企業文化創始人和員工共同的精神展現

　　創始人文化是企業文化的種子，企業文化則是企業發展的種子，它不但決定了企業的根基命脈，更決定了企業的發展格局。因為在企業文化的篩選下，只有擁有共同精神的人們才會聚集在一個企業當中，並不斷強化和傳承這一企業文化。

　　正如一位 CEO 所說：「物質資源終會枯竭，唯有文化才能生生不息。一個高科技企業，不能沒有文化，只有文化才能支撐企業持續發展……」

　　企業文化是創始人和員工共同的精神展現，它不僅展現了創始人做人做事的價值觀標準，也是員工行為規範的準繩。具體而言，企業文化可以用四句話來表達，如圖 1-1 所示。

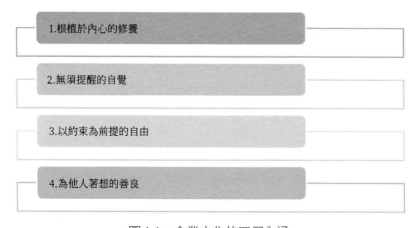

圖 1-1　企業文化的四個內涵

3. 企業文化是企業崇尚並踐行的思想和文化的總和

企業文化是一個企業崇尚並踐行的思想和文化的總和，它透過企業產品和服務傳遞給消費者、合作夥伴和社會大眾。從這個角度來看，企業的一切最終都歸屬於企業文化，因此，我們可以建構起一個以企業文化為核心的層次，如圖 1-2 所示。

圖 1-2　企業文化的三個層次

（1）物質層，也即企業的「硬文化」，如企業產品、生產環境、建築容貌等物質，都屬於企業文化的物質層，它透過物質來展現企業文化，並從物質層面固化企業的文化氛圍。

（2）行為層，也即企業的制度文化，主要包含企業體制、組織架構、規章制度三個方面，如操作流程、考核獎懲等制度，都是透過一套強而有力的行為規範來影響每個企業成員，從而塑造企業文化。

（3）精神層，也即企業的「軟文化」，是企業文化的核心層，包含了企業精神、經營哲學、道德觀念、價值觀念等諸多意識形態內容，一般濃縮為企業使命、願景和價值觀。這是企業長期營運形成的精神成果和文化觀念，對每個企業成員乃至物質層、行為層的內容產生潛移默化的影響，但同樣會因社會文化、意識形態、時代變革等因素而調整。

03
企業必須塑造文化的原因

由於文化內涵的豐富性，以及不可衡量的特徵，很多企業將文化看作虛無縹緲的無用之談。這種觀點無疑是膚淺的，甚至是錯誤的。中華文明憑藉中華民族傳統文化，而創造了上下五千年的輝煌歷史，時至今日仍然發揮著重要作用。

一個人如果沒有理想、沒有追求、沒有方向，就會渾渾噩噩，如行屍走肉。

如果企業沒有企業文化，同樣會喪失方向，每天看似忙忙碌碌，但卻無法真正創造價值。

關於企業為什麼要打造企業文化，我們可以從道和術兩個層面來理解。

1. 道：思想統一、上下同欲

從企業發展策略來看，真正讓企業凝聚起來的，不是企業的產品或服務；真正讓企業強大起來的，不是企業的規模和資源。只有文化，才能在贏得企業成員認可之後，形成一種牢固的價值觀和信念，將企業成員凝聚在一起，讓企業創造出巨大價值，並形成競爭優勢。

對企業而言，企業文化的核心價值就在於：明確企業為何創辦這一核心問題，即企業的存在理由、發展方向、價值意義。只有基於這一問題的明確解答，企業才能尋找、吸引、感召到志向相同的人才，並將人才凝聚起來，共同作出一番事業。

任何企業想要發展壯大，都需要建構自己的企業文化，這並不因企業規模、經營時間而有任何區別。

其實，簡單一句「思想統一，上下同欲」，就已經揭示了企業文化的重要性，它是企業業績倍增、自行運轉的重要驅動力。若沒有企業文化作為企業的黏合劑，企業就不得不投入大量成本用於內部治理，但仍然難以將企業成員擰成一股繩。

人在一起，那只是一群人，只有當心在一起時，才是一支有戰鬥力的團隊。因此，打造企業文化的核心目的，就是讓企業成員達到同心同德、言行一致的境界。

2. 術：一半物質，一半精神

從市場競爭來看，在個性化消費崛起的當下，消費者的物質需求都已經得到極大滿足，在日趨激烈的同質化競爭下，任何產品都已經很難單純憑藉產品本身贏得市場優勢。此時，產品蘊含的品牌價值則成為產品競爭的重要基石，更能為產品帶來更大的溢價空間，而品牌價值的核心內涵則源自企業文化。

如果企業能夠為品牌注入高品味的文化內涵，我們就能帶著獨特的文化色彩參與到市場競爭當中，在滿足消費者物質需求的同時，引起消費者的文化聯想，產生激發情感、震撼心靈的作用，為品牌平添幾分魅力。

如蘋果、BMW 等品牌都是如此。所謂「名牌的一半是物質，另一半是精神」，若沒有理念、精神、文化作為指導，企業就不可能塑造出獨特的品牌形象。

不僅是對外的市場競爭，在對內的營運管理中，企業文化同樣能夠幫助企業解決各種問題，如圖 1-3 所示。

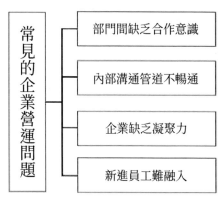

圖 1-3　常見的企業營運問題

（1）部門間缺乏合作意識。在當今市場競爭環境下，企業必須以消費者需求為核心，合力為其提供解決方案，但很多企業的部門間卻缺乏合作意識，甚至各部門陷入本位主義，造成大量耗損。

（2）內部溝通管道不暢通。企業內部各部門、各成員間的通力合作，需要有效的溝通交流機制，但很多企業的內部溝通管道卻不暢通，內部工作關係緊張，甚至因此導致人員頻繁流動。

（3）企業缺乏凝聚力。更進一步來看，在部門壁壘和溝通不暢的影響下，企業必然難以形成凝聚力，各項工作的推進較為緩慢，流程十分漫長，企業的營運效率也受到較大影響。

（4）新進員工難融入。在這樣的企業氛圍下，新進員工也很難融入組織，形成認同，甚至對企業產生反感，因而消極工作乃至直接離開。

以上問題產生的根源，其實都在於企業文化的缺失。如果將企業比作一棵參天大樹，那企業文化就是這棵大樹的核心脈絡，企業價值觀構成了樹根，願景和使命則成為樹幹，共同將業務、員工等枝葉緊密連繫在一起。

04
企業文化的價值與作用

　　當今時代的企業競爭，不再是單純的產品、規模競爭，而是一種深層次、高水準、智慧型的競爭，企業文化則作為企業的精華和靈魂，成為連繫企業內外的重要力量，在滲透企業營運全流程、驅動企業全員共奮鬥的同時，透過品牌的文化來贏得消費者、合作夥伴和社會大眾的認可。

1. 企業文化的價值

　　企業文化的價值主要展現在五個方面，如圖 1-4 所示。

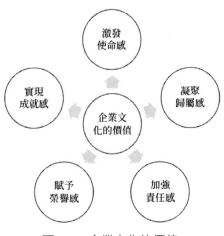

圖 1-4　企業文化的價值

　　（1）激發使命感。每一個企業都有自身的責任和使命，企業使命感就是企業發展前進的方向，也是全體成員工作的目標，企業文化則能激發企業成員的使命感，使其自發推動企業使命的實現。

（2）凝聚歸屬感。每個企業成員的背景都各不相同，但當他們聚集在一家企業當中，就應共同追逐同一個夢想，企業文化則能透過企業價值觀的提煉和傳播，凝聚企業成員的歸屬感。

（3）加強責任感。企業的發展前進離不開每一個企業成員的價值創造，任何一個環節的疏漏都可能對企業造成重大損失，而在企業文化的薰陶下，企業成員則能夠形成責任意識、危機意識和團隊意識。

（4）賦予榮譽感。企業文化同樣能夠賦予優秀員工榮譽感，無論身處哪個職位，只要員工在自己的工作領域做出更多貢獻或成績，就能得到企業授予的榮譽，這是比薪資激勵更加有效的激勵方案。

（5）實現成就感。人的終極目標就是自我實現，而在當下，企業則是人們自我實現的重要載體，企業文化則能夠將個體的自我實現與企業的成就創造相統一，使企業成員能夠在企業的繁榮昌盛下真正實現自我價值。

2. 企業文化的作用

企業文化的作用主要展現在五個方面，如圖 1-5 所示。

（1）導向作用。文化本身就具有潛移默化的影響力，企業文化包含的企業核心價值觀與企業精神，則能發揮無形的導向作用，為企業和員工提供方向和方法，並引導員工自發地遵循企業文化不斷前進，從而將企業願景與個人意願相統一，推動企業的發展壯大。

（2）凝聚作用。企業的一個重要成本支出就是溝通成本，內部耗損則是企業利潤的最大殺手。企業文化則能發揮凝聚作用，將企業成員緊緊團結在一起，形成強大的向心力，在統一思想、統一認知、統一語言、統一行動的過程中，使企業成員萬眾一心、步調一致。

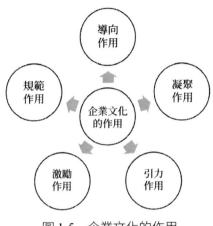

圖 1-5　企業文化的作用

（3）引力作用。優秀的企業文化，不僅能夠對內形成凝聚力，同樣能夠對外發揮吸引力。尤其是對合作夥伴而言，優秀的企業文化也將匯聚成為企業的品牌價值，幫助企業贏得消費者、供應商及優秀人才的認可。

（4）激勵作用。企業文化構築的文化氛圍和價值導向，是一種強大的激勵力量，能夠激發企業成員的積極性、主動性和創造力，促使企業成員挖掘自身潛力，實現自身能力的全面提升，並進一步增強企業的整體執行力。

在激勵作用的有效發揮下，企業的管理與激勵也將進入更高的境界。一是更高的管理境界 —— 自我管理，主管在不在，工作都一樣積極；二是更高的激勵境界 —— 自我激勵，從「要我做」到「我要做」。

（5）規範作用。企業文化能夠發揮有效的規範作用，規範企業成員的行為，使每位企業成員的力量都能成為企業發展的助力。具體而言，企業文化的規範作用主要展現在軟性規範和硬性規範兩個層面。一是軟性規範。融入企業成員內心的企業文化，就如一份企業與成員的心靈契約，能

夠發揮強大的心理約束力量；而在相應的文化氛圍下，每位新成員也會不自覺地融入其中，接受企業文化的規範。二是硬性規範。基於企業文化形成的制度性框架，可以更加有效地規範企業成員行為，並最終實現職業化、標準化、模組化、表格化的管理目標，使企業發展有序推進。

—— 05 ——
蘇總的「聲音」

蘇總是某諮商集團總部管理中心的營運總監。他喜歡打球、閱讀、騎行，雖然只有專科學歷，但卻特別喜歡鑽研組織管理領域知識。

自從 2015 年 7 月 2 日加入集團以來，蘇總已經工作 5 年有餘，目前負責協助總部管理中心日常管理工作及授課，同時也涉及客戶的機制、組織管理等問題的諮商。大家親切地稱其為「蘇蘇老師」。

在進入集團之前，他經歷過很多，從事過很多工作。2015 年，當蘇總在一家旅遊公司工作時，他開始疑惑：

我這輩子到底要做什麼？我人生的方向到底在哪裡？

蘇總想過創業，但他一沒有錢、二沒有資源。他的父母則想讓他回老家找份安穩的工作，但蘇總很清楚，老家沒有他可以施展抱負的地方，他必須留在大城市！在頻繁的面試與等待中，終於，他進入了集團。

當時，蘇總還沒認定集團是一生的選擇，也還沒想清楚人生的方向，他之所以選擇，僅僅是因為他面試時感受到這家公司的活力。他回憶說：「當時與他聊天的每一個人眼裡都有光。」他能感受到集團員工心中的力量，員工都清楚知道自己為什麼而努力。所以，蘇總決定試一下 —— 即使當時的薪資很低，但團隊的氛圍以及大家的熱情與活力吸引了蘇總。蘇總相信，在這樣的團隊中一定有未來！

在集團的這 5 年多的時間，蘇總做了業務、會務、管理，在持續的學習以及集團的關注和培養中，蘇總一步步成長為現在的「蘇蘇老師」。

如今，蘇總對自己的集團生活進行了總結，他認為集團給他最重要的有三樣東西：

第一個是環境，一個積極正向的環境。環境對人的影響很大，到書店人自然會變得安靜，到寺廟人會產生敬畏之心，到夜店人又會變得躁動，到一個整天抱怨、沉悶無趣的公司，人們想變得積極陽光都很難。因此，環境對於一個人的成長來說是非常重要的，而集團透過大家的共同努力創造出積極正向的環境。

第二個是成長，在集團有兩種成長。一種是被動成長，公司會舉辦各種培訓，如讀書會、分享會、訓練營、上臺演講等形式，以此推動員工成長，並給員工提升的機會，而員工在面對這種機會時第一件事就是迅速讓自己成長，只有自己成長才能把握住機會。蘇總剛從會務營運轉到總部管理職位時就是這樣，那時他每週至少讀兩本書，看十幾個案例，慢慢地才有了一些底氣，能得心應手地處理各項事務。第二種是主動成長，在集團的團隊氛圍下，員工都很自覺地養成學習習慣。蘇總感覺到一天沒有學習，就好像沒有吃飯一樣，他發現學習是一件無比幸福和快樂的事。

第三個是溫暖的感覺。像蘇總這樣在外漂泊打拚的人，最缺的就是這種溫暖。公司會舉辦生日會，還會贈送週年禮物，夥伴們之間稱呼親切，經常會交換美食、一起參與活動、一起打拚。當某個同事家裡有事時，總會有隊友站出來說「你去吧，剩下的交給我」，大家總會主動詢問是否需要幫忙……正是這樣的很多瞬間讓蘇總感到溫暖。

蘇總總是會想：像他這樣無背景、無學歷的人，他只有一條路可以走，那就是努力奮鬥。每個人都有自己的選擇，如果選擇當下的安逸，就要承受未來的生活可能無法掌控；如果選擇拿起書本，選擇打拚事業，選

擇努力向上，那當下可能會比周圍人過得累一點，但是多年以後你卻可以成為生活的主人。

當你發現你比周圍人更能夠掌控自己的人生，你就會變得幸福！

但是，成功之路不會是一帆風順的，坎坷是必然的，選擇一條路就要堅持走到底。如果這條路的風景不夠美好，我們就是美麗風景的締造者！

這就是來自蘇總的「聲音」。

第二章
正確的三觀：世界觀、人生觀、價值觀

　　無論是個人事業還是企業發展，其實都是一個不斷選擇的過程，企業和員工作出的一切決定，共同構成了企業前進中的每一個腳步。價值觀事實上就是解決「企業怎麼做」的問題，這也是企業實現使命和願景的前提。企業文化要實現，首先就要從價值觀著手，要端正企業及全體成員的三觀，從而形成一種自覺自發的內在驅動力。

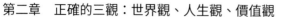

01
人才因夢想而來，而非高薪挖角

「21 世紀的競爭是人才的競爭」，這句話早已深深印刻在無數企業家的腦海中，但企業究竟如何吸引人才？是否如許多企業家想的那樣，誰能開出更高的薪資，誰就能吸引更多的人才呢？

如果僅靠高薪就能挖來人才，那市場競爭必然陷入強者恆強的局面，因為強大的企業才有能力開出更高的薪資。但現實卻是，自 1990 年代以來，我們見過太多產業的攪局者、市場競爭的黑馬，他們沒有資金或其他資源，卻能在企業創立之初，就吸引來傑出的人才，正是因為他們 —— 有夢想。

1. 高薪挖來的也會被高薪挖走

薪資當然是企業吸引人才的重要手段，但當企業希望用高薪挖來人才時，卻總是容易面臨高薪人才不高值、工作不久被挖走的尷尬。

出現這樣的局面其實很好理解。如果高薪是人才市場上的唯一考量因素，那人才就會透過各種手段虛增自身價值，比如誇大工作業績、偽造專案經歷等。與之相對地，即使人才確有能力，但當他們稍有成績並引起其他企業興趣時，他們也會迅速因為一份更高新的 offer（錄取通知）而跳槽。畢竟，跳槽才是漲薪的更優方法。

既然如此，為何還有如此多的企業抱著「高薪挖人才」的想法呢？這是因為，企業沒有更好地吸引人才的手段，而高薪挖人才卻足夠簡單與直接。當企業都以此競爭人才市場時，必然會導致勞動力價格的持續推高，

而企業卻無法因此獲取更大價值，甚至陷入人才流失、高薪挖人、人才再流失的惡性循環。

2. 適合企業的才是人才

應徵新人的首要原則就是「合適的才是最好的」。只有適合企業的人，才是真正的人才，否則，再頂尖的人才也無法為企業帶來價值，反而會損害勞資雙方利益。

在衡量「合適」這一指標時，最重要的就是人才的夢想是否與企業相匹配。

認可企業夢想的人才，即使自身能力有所缺陷，也會主動提升並為企業創造更大價值；而志不同的勞資雙方自然也會道不合。

當企業對高薪挖來的人才抱以厚望時，卻總是在後期合作中發現各式各樣的問題：人才不能創造企業預期的價值，人才的夢想與企業基因不符，或只是盯著股價、預算作營運，唯恐冒險損害自身價值；企業現有員工也會因此備受打擊，他們的努力似乎永遠比不上外部的所謂人才。事實上，無論是吸引人才、留住人才，還是培養人才，關鍵都並非薪資，而是夢想。

3. 夢想的感召力更強大

需要承認的是，薪資是吸引人才的重要因素，即使企業有再高遠的夢想，能匹配再多的人才，但如果給不出一個合適的薪資，人才也很少會被吸引。但在同等甚至較低薪資水準下，夢想卻具有更強大的感召力。

在夢想的感召下，一位價值年薪百萬元的人才，可能會拒絕其他企業年薪 120 萬元的 offer，而接受一份年薪 100 萬元甚至 80 萬元的 offer。

其實，節約人力成本只是夢想感召的淺層作用，更重要的是，因夢想而來的人才，將充分發揮自身的主觀能動性，為企業解決更多問題、創造更多價值，從而推動夢想的實現。這才是夢想感召力的核心作用。

很多企業，尤其是初創企業，即使企業開出相當高的薪資，但那些只為薪資而來的人才，通常也更懂得「知難而退」，因為解決太多難題的付出可能高於回報，而一旦他們無法解決難題或造成損失，這還可能損害自身價值，此時，他們則會選擇盡快尋找下一份高薪資的 offer。

4. 夢想的感召力更持久

從人才市場的角度來看，企業必須保持相當的薪資增長，才能留住人才，否則，他們就會被其他企業用高薪挖走。但從夢想感召的角度來看，企業只需持續地接近夢想實現，就能夠留住那些因夢想而來的人才。

夢想具有更加持久的感召力，能夠幫助企業留住人才，也能夠幫助企業培養人才。

一位完美無缺的人才，必然需要更高的薪資。然而，企業對人才的要求卻不是一步到位的，更何況，每個人其實都具有極強的成長型。關鍵就在於，企業能夠發現潛力並給予培養。

針對充滿熱情但不夠成熟的企業成員，企業可以給予更多的錘鍊，幫助他們成長。而在這樣的培養過程中，人才也將更加融入企業，當人才的個人夢想與企業夢想統一，他們會為了這一共同的夢想而努力前行。

即使到企業與人才終有別離的一天，如人才進步與企業發展速度不匹配時，雙方也可以好聚好散、保持認同，並在未來的某一天繼續互助 —— 只要雙方夢想還未改變。

5. 創始人是夢想感召的重要載體

孔子說：「其身正，不令而行。其身不正，雖令不從。」當領導者品行端正時，即使沒有命令，員工也會主動前行；但如果領導者持身不正，那即使有命令，員工也不會遵行。

創始人是企業文化的來源，也是夢想感召的重要載體。企業想要保持夢想的感召力，並以此吸引人才、留住人才、培養人才，都需要創始人發揮榜樣的作用，用自身行動來印證企業描繪的夢想。

在「望梅止渴」的典故中，曹操用虛構的梅子林激勵口渴的士兵繼續進軍，並最終找到了水源、安撫了士兵。這一結局當然是好的，但這一成語現在被用來形容「用空想來安慰自己」，正是因為「梅子林」是虛構的，雖然曹操軍隊最終找到了水源，但士兵也只會相信這一次，再沒有下一次。

企業用夢想來感召人才同樣如此。即使企業描繪出一個足夠誘人的夢想，但如果創始人沒有以身作則，夢想始終只在口號裡，卻不見一點實現的可能，那人才也必然會選擇離開，企業夢想也再難吸引到任何人才。

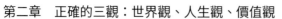

02
偉大的夢想孕育偉大的力量

　　危機是對企業的一場檢驗，在這樣的檢驗過程中，同行與競爭者可能被削弱，而那些擁有偉大夢想的企業卻能誕生出偉大的力量，在風暴中迎來更大機遇、變得更加強大，而非被暴風雨摧毀。

　　不僅是企業，每個個體的力量其實都源自夢想，也正是在這種力量的匯聚下，企業才能迸發出勃勃生機。

　　無論企業或個人，都必然要面臨各式各樣的挑戰與打擊，而夢想的力量正是在這樣的困境中誕生。

1.「偉大公司因專業經理人平庸」

　　「無論公司多偉大，落到專業經理人手裡，一定會走向平庸，這是人類商業史規律。」一位 CEO 的這句話雖然有失偏頗，但卻揭示了企業發展的一個真相。

　　長期以來，很多企業都對專業經理人寄予厚望，尤其是當企業發展到一定規模，或面臨某些問題時，都希望透過高薪挖來專業經理人，藉助他們的專業性來推動企業發展、解決企業問題，幫助企業踏上新的臺階。

　　很多企業在發展壯大之後都會引入專業經理人進行企業管理，但此時，某些專業經理人的做法卻讓創始人感到心寒。在上任之後，這些專業經理人會抹殺創始人的所有貢獻，放大企業的內部問題，並將之歸咎於創始人或前任經理人；有些專業經理人甚至會試圖綁架企業，只顧謀取短期利益為自己的職業生涯鍍金。

雖然很多專業經理人確實具備解決問題的能力，但長期來看，專業經理人卻可能將一家偉大的企業帶入平庸。之所以如此，正是因為很多專業經理人缺乏偉大的夢想，他們的眼中是 KPI 和數據，他們喜歡漂亮的增長曲線和圖文並茂的 PPT，但卻很少會關注長遠的策略。坦白地說，很多專業經理人缺乏足夠的大局觀，他們需要董事會指明方向，如果沒有一個方向作為指引，專業經理人卻可能陷入混亂狀態。

正是因此，專業經理人同樣容易扼殺創新。因為任何一個創新產品在其發展早期，都很難呈現出一條「漂亮的增長曲線」，其長遠價值及發展潛力也無法透過短期表現來衡量。而專業經理人則大多厭惡這樣的不確定性。因此，即使是在推進創新專案時，專業經理人也可能因為過於追求短期成績，而在揠苗助長中毀掉有潛力的產品。

2. 夢想是維繫企業的最強力量

商業連鎖是很多企業做大做強的重要模式，但在這種連鎖擴張中，分布在不同位置的連鎖企業，擁有不同家庭、教育、性格背景的員工，這些都對企業管理造成了極大的挑戰。

如何維繫組織並持續擴張？如何黏住所有員工、客戶以及合作夥伴？其關鍵就在於一個偉大的夢想。

當我們談及偉大的夢想時，很多人感到過於崇高。但其實，每個人的心裡都渴望某種崇高和偉大，那些所謂熱血潛藏在每個人的心底，我們都渴望找到能夠為之付出一生的使命。平凡的生命只有融入到偉大的夢想裡，才能找到意義，才能找到同伴；否則，庸碌的一生只會讓人感到疲乏與無趣、孤獨與虛無。

價值觀的闡述與表達對企業存續、傳承至關重要。

夢想是維繫企業的最強力量，但要發揮夢想的力量，卻絕非簡單地說說而已。在談及企業文化或價值觀建設時，很多企業都將之簡化為喊口號，比如「今天工作不努力，明天努力找工作」、「爭做一流員工，共創一流產品，同創一流企業」。正是這些千篇一律的口號，被企業視作企業文化建設的法寶，但效果如何呢？

　　企業要用夢想將企業內的每個成員連線在一起，就必須讓夢想真正得到每一位組織成員的認可。如此一來，夢想就能融入企業成員的內心，成為一種源自內心的「指令」，為個人成長、企業發展帶來巨大的推動力量。

　　在確定夢想時，創始人或管理者一定要經過深思熟慮，讓夢想符合企業發展實際，並贏得員工的心理認可，為企業成員帶來思想和行動上的統一方向。只有如此，每當呼喊口號時，企業成員才能從內心感受到鼓舞力量，並推動企業實現最終目標。

3. 偉大的力量源自偉大的夢想

　　有句話說：「夢想還是要有的，萬一實現了呢！」但我們對此卻要更進一步，企業及創始人不僅要有夢想，更要有偉大的夢想 ── 因為，只有偉大的夢想才能誕生偉大的力量。

　　很多企業只有一個關於高效賺錢的夢想，眼中只有浪潮或機遇，如果等不到，這些企業又會快速放棄。缺乏堅持的投機經營，自然不會為這些企業帶來力量，這些企業的發展也將極不穩定。

　　在每個浪潮到來時，我們都能看到產業內突然湧現出來的眾多「初心者」，似乎他們早已堅守多年，終於守得雲開見月明。然而，這些所謂「初心者」其實不過是些只想賺錢的投機者，他們最終必將被重重拋下，成為產業洗牌中的廢牌。

　　我們想要建立偉大的企業，就必然需要形成偉大的夢想，並從中汲取源源不斷的偉大力量。「偉大夢想不是等得來、喊得來的，而是拚出來、做出來的。」在經濟的持續發展中，每一位企業家都應有一個偉大的夢想，在企業發展、員工致富、造福社會的過程中，實現中華民族的偉大復興。

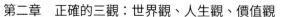

03
萬物是心靈的映射，事業是夢想的實現

　　生命本身只是一個過程，在這個過程中，我們作為生命的本體其實並沒有意義，我們的意義總是由客體來定義，如金錢、房產、地位、榮譽等。對我們自身而言，生命只是一種經歷和體驗。

　　在經歷和體驗的過程中，我們因為自己的想法或夢想作出了某些選擇，這些選擇則引來了諸事、萬物，而這一過程通常被稱為事業。

　　萬物是心靈的對映，事業是夢想的對映。這一理念看似形而上，但卻揭示了生命演變的原動力：一個人的命運並非由外在的事物決定，而是由我們自己的心態決定。

　　據美國著名的精神科醫師、哲學博士大衛・R・霍金斯博士（David R. Hawkins, M.D, Ph.D）研究，人類不同的意識層次都有其對應的能量指數，如圖 2-1 所示。

　　圖 2-1 中，能量層級的頻率值由 1 到 1,000 不等，其含義也有所區別。一般認為，當我們的能量級降到 200 以下時，我們的能量就會逐漸流逝，變得更加脆弱，且容易被環境控制。我們無時無刻不在發射能量，而在能量吸引力法則下，世界也正在給我們相應的回饋。增強我們自己的能量級，至關重要。

　　當我們還是一個天真爛漫的孩童時，我們看這個世界也是單純明朗的，這個時候的能量級很高；但當我們經歷過社會的摸爬滾打，我們看似對這個世界更加了解，但我們看到的世界也變得世故混沌，能量級就變得

低了；等到我們思想超脫的那一天，我們看到的世界將會更加純粹，此時，能量級又會提高很多；但在懷揣欲望和夢想的當下，我們則能看到到處是目標、處處有機會，心中有正念，能量級自然很高。

所謂「一念天堂、一念地獄」，在我們的人生中，我們的念想決定了萬物的模樣，我們的夢想則呈現為事業的發展。

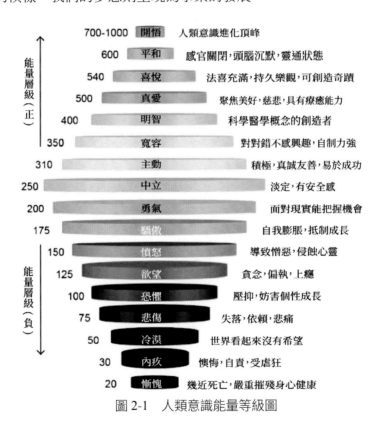

能量層級（正）		
700-1000	開悟	人類意識進化頂峰
600	平和	感官關閉，頭腦沉默，靈通狀態
540	喜悅	法喜充滿，持久樂觀，可創造奇蹟
500	真愛	聚焦美好，慈悲，具有療癒能力
400	明智	科學醫學概念的創造者
350	寬容	對對錯不感興趣，自制力強
310	主動	積極，真誠友善，易於成功
250	中立	淡定，有安全感
200	勇氣	面對現實能把握機會
175	驕傲	自我膨脹，抵制成長
150	憤怒	導致憎惡，侵蝕心靈
125	欲望	貪念，偏執，上癮
100	恐懼	壓抑，妨害個性成長
75	悲傷	失落，依賴，悲痛
50	冷漠	世界看起來沒有希望
30	內疚	懊悔，自責，受虐狂
20	慚愧	幾近死亡，嚴重摧殘身心健康

圖 2-1　人類意識能量等級圖

1. 幸福是一切事物的終極目標

「發展以人為本，人以生命為本，生命以心靈為本，心靈以幸福為本。」企業的發展，其本質就在於人的發展，只有當企業所有成員實現幸

福時，企業才可能實現自己的最大價值。否則，企業也不過是資金、機器與職場的堆砌而已。

在所有的管理理論當中，幸福其實都是終極的管理宗旨，也是終極的管理使命。創造幸福，既是創造管理者和員工的幸福，更是創造社會的幸福。

雖然「幸福」作為目標得到幾乎所有人的認可，但在關於幸福的衡量尺度方面，不同的人有不同的衡量標準，而大多數人採用的都是「比較法」。

哈佛大學曾經作過這樣一個問卷調查：「如讓你從下面兩個物價一樣的虛構世界裡選一個居住，你會選哪個？第一個世界：你每年賺 5 萬美元，而其他人每年平均賺 2.5 萬美元。第二個世界：你每年賺 10 萬美元，而其他人平均賺 25 萬美元。」結果，大部分學生都選擇了第一個。

即使第一個世界的收入只有第二個世界的一半，但學生們卻更願意選擇第一個世界，正是因為在對比當中，第一個世界的收入是其他人的 2 倍，而第二個世界的收入卻只有其他人的 40%。

當我們對幸福沒有準確的衡量方法時，這種對比造成的挫敗感就可能損害我們的生活體驗。比如，一個透過辛苦努力從小鎮走到大城市的人，終於實現年薪 100 萬元時，卻發現某個年輕的同事剛靠他爸買了一輛 100 多萬元的豪車。

萬物是心靈的對映，而心靈的根本是對幸福的追求。因此，我們就必須保持這樣幾種心態，以有效應對生活中可能遇到的各種情況。

（1）得失隨緣。人生有得必有失，所有東西其實都是一種等價交換。僅僅從財富角度來看，如果我們沒有掌控財富的能力，那即使天降橫財、

樂透頭獎，我們也無法守住財富；如果我們有堅守財富的心態，那我們即使只靠儲蓄和投資也能獲得不錯的收益。

（2）知足常樂。只有知道滿足的人，才能正視人生中遇到的萬事萬物。否則，在過度的欲望下，所有的獲得都只會催生更多的不滿足，這種心態或是催生貪慾，或是招惹禍患，終究會使人迷失在對更多欲望的追逐當中。

（3）難得糊塗。「人不可太盡，事不可太清。凡事太過，緣分必失。」人生中，有些事如果看得太真切，我們就沒了前進的動力；有些人如果看得太透澈，我們也就不再期待。難得糊塗就是明白何時該精明，何時該糊塗，讓自己活得更加簡單舒服。

2. 夢想必然要在事業中實現

　　工作是人們獲得收入的必然管道，但在當下，越來越多的人卻只是將工作看作工作，將夢想看作「夢」，事業則成為一個過時的詞，很少再聽人談起。這是因為，很多人再難在工作中找到事業所蘊含的意義和價值。

　　心理學家馬斯洛（Abraham Maslow）說過：「人類最美麗的命運，最美妙的運氣，就是做自己喜愛的事情同時獲得報酬。」工作可以讓員工獲得報酬，但除此之外，工作對員工到底意味著什麼呢？一般而言，員工對待工作的態度可以分為三種。

　　（1）工作就是工作。這種態度就是把工作看作一種任務，或是賺錢的手段。工作只是為了養家餬口不得不做的事情，他們不會期待在工作中實現自身價值，他們期待的只是發薪水和放假日。除此之外，工作對於他們而言就是一種不幸福。

　　（2）工作就是事業。當員工把工作看作事業時，員工追求的就不只是

財富的累積，他們還會注重事業的發展，也是職位的提升、權力的增加和聲望的提高。

因此，他們會期待每一個升遷和表現自己的機會。

（3）工作就是使命感。工作是自我實現的最佳管道 —— 當員工這樣看待工作時，工作本身就是他們的目標，他們當然也關注薪水和機會。但是，他們之所以努力工作，是因為工作能夠充實他們的生活，並幫助他們實現自我和諧，最終實現自我價值。因此，他們可以幸福地沉浸在工作當中。

這三種看法其實就對應著不同的夢想。有的人沒有夢想，只想著平淡地過完這一生，因此，他們只需要一份渾渾噩噩的餬口工作；有的人夢想財富自由，期待在他人的事業中完成自己的財富累積，並獲取一定的社會地位；有的人則夢想實現自我價值，他們當然會全身心地投入到工作當中，真正創造一份屬於自己夢想的事業。

04
建立企業是為了造福更多人

在經濟的發展中，創新是必不可少的助力，也是企業致勝的必要手段，而談及創新就離不開熊彼得 (Joseph Schumpeter) 的「五種創新」理論。

熊彼得認為，創新就是建立一種新的生產函數，也就是透過將生產要素和生產條件重新組合，為生產體系引入新的經濟能力。在這種理論下，創新組合一般有五種情況，如圖 2-2 所示。

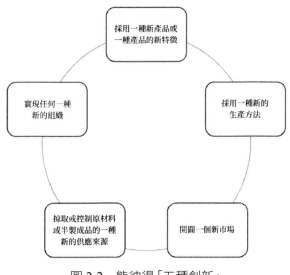

圖 2-2　熊彼得「五種創新」

在這一理論下，創新實現的載體就是企業，而以實現創新為基本職能的則是企業家。

其實，所謂經濟發展並非簡單的數量增長，在「循環流轉」的均衡狀態下，無論是企業還是國家大多都只能維持現狀，而只有在透過創新實現成長之後，組織才可能刺激投資、繁榮經濟。

　　在這一過程中，作為創新的主動力，企業家的目的就不僅是透過創新獲取超額利潤，更是在「創造的快樂」中為了造福更多人。

　　因此，在評價資本主義的典型成就時，熊彼得的觀點是：「並非在於為女王提供更多的絲襪，而在於能使絲襪的價格低到工廠工人都買得起的程度。」

　　同樣是編織絲襪，觀念不一樣，意義就不一樣，其中誕生的力量自然也不同。當企業以造福更多人為初心時，企業及全體成員在前行中就會更有力量，也會得到更多的認可和幫助，最終在創新中創造出美好的未來。

1. 做企業不僅是為了造富

　　大多數人創業的第一目標都是造富，希望透過自己的勤勞、勇敢與智慧創造財富，從而解決個人、家庭和企業的生存問題；隨著企業的不斷發展，當企業在供應鏈中的地位越發重要，企業又需要帶動供應鏈上下游共同富裕，從而增強供應鏈的整體競爭力。

　　但在造富之後，更重要的目標卻在於造福。所謂「倉廩實而知禮節，衣食足而知榮辱」，造富是一種生存本能，而企業創造的財富卻不只是有形的物質財富，更是為更多人創造價值、與更多人分享財富，這才是企業能夠傳承下去的重要支柱。

　　一個企業的價值觀決定了這個企業的所有可能性。簡單而言，企業發展的目的究竟是什麼，是圈錢上市，還是創造偉大？企業又如何看待客戶、員工、股東和社會，是善待還是盤剝，是欺騙還是造福，是苟且自利

還是創造美好？

　　縱觀亞洲近 40 年以來，曾經出現過無數「首富」、「大王」，但時至今日，能夠給人留下深刻印象的卻不多，而企業家精神、思想或理念就更無從談起。只為造富的企業，或許能夠獲得一時的聲譽、一世的財富，卻絕不可能走得長遠，更不可能傳承百年。

　　企業想要做得大、走得遠，必須為企業融入一些人文理念。事實上，企業能有多強大，這在相當程度上取決於企業的人文理念，思想和文化的高度與深度，決定了企業的力量和潛質。

2. 商業文化下的企業家精神

　　近年來亞洲的經濟發展，離不開商業文化的深度薰陶，現代商業早已不是居於「士農工商」末位，而成為經濟發展的主流文化。然而，現代商業關注的卻不只是商業體系、盈利模式。在西方商業文化中，存在雄厚的哲學理論和人文思想，並展現在其法律、道德、職業觀和財富觀中。而現代商業在亞洲的發展，同樣與中華民族傳統文化緊密結合。

　　儒家所說的「修身齊家治國平天下」，其實就是亞洲企業家必備的一種精神：

　　創業的第一目標當然是個人致富，但隨著個人及家庭的經濟條件不斷改善，企業家就要關注國家、民族甚至世界，努力造福更多人。

　　在各類文化的碰撞下，社會上也形成了不同的成功觀。關於財富的成功，我們可以從富比士中找到答案，但即使在財富成功備受追逐的當下，我們同樣能夠看到，那些登上富比士的企業家，是否排名越靠前，就越能得到社會的認可呢？

　　關於成功的衡量指標，始終不在於財富，而在於「立德、立功、立

言」，縱使這些話已經很少廣泛談及，但它們卻深深扎根在每個亞洲人的內心深處，成為我們衡量成功的真正標準。

3. 造福更多人並非難事

「造福更多人，造福社會」，很多企業管理者聽到這樣的話，就覺得太過崇高、很難做到，這其實是忽略了現實價值背後的長遠價值。

從工業時代到科技時代，再到網際網路、人工智慧時代，技術的每一次創新突破，都為人們帶來了更多的選擇和機會，造福了更多人。而在熊彼得的「五種創新」理論下，任何一種創新實質上都是在為更多人創造福利。

很多人畏懼技術創新，因為害怕技術替代人工；很多人畏懼組織創新，因為害怕組織權威不再；也有很多人畏懼市場創新，因為害怕市場優勢難建……但在這樣的止步不前中，企業卻必將被市場競爭所淘汰。

市場競爭需要創新，而創新就必然需要著眼於更多人的需求。

造福更多人，聽起來似乎崇高，但其實做起來並不困難。事實上，這不僅是企業價值觀的重要核心，也是企業市場競爭的重要手段。造福是造富的更高階段，但卻並不影響企業造富，反而會創造更多的財富。

隨著經濟發展，在中華民族傳統文化與現代商業文化的緊密結合中，我們卻能建構起屬於亞洲的、能夠繼續傳承下去的企業家精神 —— 造福更多人。

05
生活是藝術品，事業是展示臺

在很多人看來，標題中的「生活」與「事業」似乎放錯了位置，因為生活似乎更像是人生的底色，而事業才是我們需要精心雕刻的藝術品。當我們過於強調事業而忽視了生活時，我們人生的可能性也將被限制，反而失去了閃光的可能。

談及藝術，我們總是會想到那些似乎生活在夢想中的藝術家，他們遠離柴米油鹽的現實生活，全身心投入到關於藝術的自我表達當中。

比如某悲劇畫大師，他的作品能夠給人無限震撼，而在生活中，他坐飛機甚至都要與家人分別乘坐兩個班機，以分散空難可能導致的風險 —— 或許正是因為他對世界如此悲觀，才激發他畫出如此偉大的作品。

又比如某雕塑大師，他的思想和性格都充滿力量，但他的小型作品卻沒什麼特色，直到別人看到他的大型雕塑作品時，人們才能真正感受到那種傲然有力、堅定自信、敬畏虔誠的氣勢。

在很多人的眼中，似乎只能看到那幅油畫、那座雕塑的藝術性，但真正應被視作藝術品的，其實並非作品本身而是這些作品中凝聚的藝術家的生活態度，無論是悲觀或是敬畏、傲然或是自信。

正如著名藝術評論家福柯（Michel Foucault）所說的那樣：「使我驚訝的是，在我們的社會中，藝術只與物體發生關聯，而不與個體或生命發生關聯……每一個個體的生活難道不可以是一件藝術品嗎？」如果杜尚（Marcel Duchamp）隨手拿來一個小便斗，只需簽上名字就可以使它成為一

件藝術品，那我們的生活當然更應該是一件藝術品。

　　當我們將生活看作那件藝術品，我們就能更加細緻地看待生活，並把握當下的每一種可能，在力所能及的範圍內創造出自己滿意的生活。生活在當下，並不會為我們帶來額外的負擔，但卻會讓我們精神愉悅，帶著更飽滿的熱情投入到工作、事業當中，這當然會使我們獲得更多。

　　一位 CEO 每次出差時都會給自己準備精選的小包裝茶葉和一盒短支沉香，簡單的一杯茶、一支香，卻能幫助他快速消除旅途勞頓，讓人神清氣爽。「無須刻意為之。將生活看作自己的作品，堅持將生活的美學貫徹其中。」這也是 CEO 對大家的忠告。

1. 「自我」不是給定的，而是發明出來的

　　人的自我從來不是事先給定的，而是我們每個人用一天一天的生活創造出來的。正是在一系列的選擇之後，我們才成為現在的我們，貧窮或富有、幸福或痛苦、智慧或愚昧，這些都是我們自己選擇的結果，也是我們對自己生活的塑造過程。

　　福柯的觀點正是由此而生：「從自我不是給定的這一觀點出發，我想只有一種可行的結果：我們必須把自己創造成藝術品。」

　　個人的成長確實會受到風俗、習慣、制度等文化的影響，從我們牙牙學語開始，周遭的環境就在灌輸給我們各種思維方式、價值觀念、行為規範和道德習俗。但這並不意味著我們就必須循規蹈矩、亦步亦趨，我們完全可以發揮自己的創造力，在自我塑造中對所謂規範加以改變，從而創造屬於自己的生活，並將之打造為一座閃閃發光的藝術品。

　　當我們談論「自我」時，很多人採用的動詞是「發現」，但其實，自我並不是事先給定的，而是我們後天創造的，因此，「自我」實際上是被發

明出來的，而非發現出來的。對於每個個體而言，我們並沒有任何不可改變的規則、準則和規範，也不存在什麼隱藏在外表之下的本質，因此，在我們的夢想之下，我們無須給自己設限。

2. 人生並非隨心所欲，而需事業作為底座

生活是藝術品，需要我們把握當下的每一種可能，創造出自己滿意的生活。

不是等待，不是幻想，也不是商業盤算或人情練達；不在於天長地久，也不在於千秋萬代，只在於我們自己的選擇。

確實，這樣的看法似乎太過隨心所欲，在當今時代，當我們確立了這些形而上的理念之後，我們仍然要回到現實，從形而下的角度來確定人生的活法。

當明白生活就是藝術時，他當然可以盡情去嘗試從未體驗過的人生，他也可以切實地實踐福柯的另一觀點 ——「在生活和工作中，我的主要興趣只是在於成為一個另外的人，一個不同於原初的我的人」。

但對其他人而言，事業究竟是什麼呢？難道事業只是一種賺錢的來源？或許事業與生活是完全對立的？

事實並非如此。工作占了我們人生三分之一的時間，如果我們只是單純將事業獨立出來，將之與生活相對立，那我們的生活就必然變得殘缺，因為連我們自己都無法正視那三分之一的人生。

有些人總是容易抱著「拚命工作、拚命玩」的人生觀，認為理想的生活是不斷在兩個極端之間來回切換，且互不影響。但這樣的人生觀無疑過於消極，即使從身體這一淺層角度來考慮，這種極端切換的生活方式也使得人體交感和副交感神經難以調節，長此以往，很容易造成神經紊亂，影

響身體及心理健康。

　　事業原本就是人生的一部分，更是我們實現自我價值的重要管道。即使我們沒有那樣遠大的夢想，事業也同樣可以幫助我們保持不斷學習和思考的狀態，在事業中挑戰自己的智慧，並藉助事業將價值觀付諸現實，進而在現實中改變自己的生活乃至他人的生活。

　　事業增加了我們人生的醇度，是我們改變生活、創造自我時不可缺失的一部分，更是生活這一藝術品的陳列底座。缺少了這一底座，我們所謂「生活的藝術」

　　也將成為一種空想，浮於空中、無法實現。

06
核心價值觀統一的企業才有未來

價值觀是指企業與員工的價值取向，也是企業在營運過程中推崇的基本信念和奉行的遠大目標。偉大的夢想要實現，就必須打造一支三觀都正的強大團隊，而在當今時代，只有統一了核心價值觀的企業才有未來。

企業如果沒有自己的文化，就如一個沒有靈魂和思想的人，對內沒有吸引力與凝聚力，對外也沒有爆發力和競爭力。當然，這個世上很難找到絕對沒有自身文化的企業，但膚淺、粗糙的企業文化，不僅無法實現企業文化應有的效用，反而會將企業發展帶入歧途。

企業文化是企業無形的精神財富，優秀的企業文化更能切實推動企業的財富增值。而所謂優秀企業文化的一個核心要點，就是統一的核心價值觀。

企業文化建設之所以強調價值觀，更強調統一的核心價值觀，正是因為價值觀問題往往是企業各類問題的根源，而價值觀的不統一，同樣會使企業陷入嚴重的內部耗損當中，無法形成合力、持續推進。

例如，消費者因為某電器公司銷售人員熱情周到的服務，決定購買該電器公司的冰箱，但才用了不過兩天，這臺冰箱的製冷就出現了問題，消費者急忙給銷售人員打電話回饋問題，這位銷售人員誠懇地表示了道歉並給了售後服務的電話，消費者對此也表示接受。

但在撥打售後服務電話時，消費者打了很久都無法撥通，正當消費者的耐心逐漸被消磨殆盡時，電話終於撥通了，對面傳來的卻是一陣冷冰冰的聲音，在毫無感情的問答中，接線員表示將盡快安排師傅上門維修。

然而，直到第三天，消費者才接到一個陌生的手機號碼，對方自稱是該電器公司維修人員，並與消費者約好次日上午上門維修，消費者特地推掉了次日的所有安排等待師傅上門，但在再三的催促中，師傅最終直到下午 3 點才上門。

經過不到 10 分鐘的維修，師傅表示一切正常，但需要收取 300 元的上門維修費……

在短短一週的時間內，這位消費者對這家電器公司的美好印象就全部消失，只剩下滿腔的怨氣。

這就是文化導向不一致、價值觀不統一產生的問題，當銷售人員以客戶服務為核心價值觀時，售後部門卻未能給予客戶統一的體驗，導致前端銷售人員的工作毀於一旦。

統一的核心價值觀就是要讓所有員工保持一致的價值取向，進而做出與核心價值觀相符的言行，確保企業營運的每個成員、各個節點保持協同。

1. 為什麼要統一核心價值觀

核心價值觀對國家發展、民族團結的重要性無須贅述，而聚焦企業內部管理，我們同樣需要統一核心價值觀。

一家專業從事兒童美術業務的公司在打造出 6 個校區後，隨著校區的增加、員工的增多，其發展遇到了不小的挑戰，企業業績需要新的突破和增長，化解當下的危機。

在 2018 年 11 月參加培訓時，我就告訴美術公司創始人小娟：「妳必須統一思想，只有先把核心班底的思想統一，並據此匯入高效的企業管理系統，才能把員工凝聚起來，激發他們的動力，這樣即使妳不管事了，他們也會自覺推動公司一步步往前走。」

小娟是一位很愛學習、非常有執行力的企業家,她和她的團隊很認可統一思想的重要性,但如何定義這個核心思想呢?最終,我們就從市場需求、公司定位出發,確定了核心使命就是要「做兒童開心、家長放心的美育服務,還孩子一個多彩的快樂童年」。後來,因為統一了思想,提升了團隊的凝聚力,在不到兩週的時間裡就完成了 500 個新生的招生,超越了原來的目標,振奮了團隊的士氣,並且越做越順。

這就是企業統一核心價值觀的效用,而要進一步分析,我們則可以從五個層面來理解其必要性(見圖 2-3)。

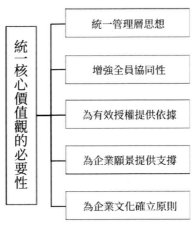

圖 2-3　統一核心價值觀的必要性

（1）統一管理層思想。企業很多問題的根源,就在於管理層的思想不一致,比如銷售要業績、生產要效率、品控要品質、採購要低價,總經理要快速增長、董事會要多元擴張、創始人想做公益……價值觀的衝突,必然導致管理層的決策相互衝突或模糊不清,引發內部管理混亂以及資源內耗。

（2）增強全員協同性。只有在明確的核心價值觀下,企業才能判斷員工的思想狀態是否符合企業要求,工作行為是否保持協同。企業需要確立

端正的核心價值觀，但對不同企業而言，其發展需求和側重點也有所區別，如客戶服務、技術創新或團隊合作等，統一核心價值觀，就是明確這一主旨，並要求全員以此為基礎進行協同。

（3）為有效授權提供依據。授權是企業高效營運的必經之路，但如何授權卻是每個企業都必須解決的重要課題。很多企業將業績作為授權依據，但如果不對價值觀進行評價，管理層就容易出現山頭林立、離心離德的問題，進一步加劇企業文化的模糊與混亂。

（4）為企業願景提供支撐。企業願景是企業營運要實現的遠期目標，而要達成這一目標，企業全體成員就必須形成合力，在資源力量和潛力挖掘中，共同推進企業願景的實現。為此，企業就必須統一核心價值觀，在全體成員心中形成內在約束力和驅動力，為企業願景的實現提供支撐。

（5）為企業文化確立原則。沒有價值觀就沒有原則，企業就容易為了達成目標而不擇手段，這樣的做法雖然可能為企業帶來一些短期利益，但卻可能損害企業的品牌價值或市場口碑，反而導致企業無法得到市場認可。

例如，奮鬥作為一種價值觀當然有其正面性，但如果企業片面地強調奮鬥，無休止地讓員工工作，大幅增加員工勞動時間，雖然會使企業在短期內實現業績倍增，但在勞動者權益越發受到重視而年輕人猝死頻發的當下，這種做法則會使企業貼上「吃人資本家」的標籤。

2. 核心價值觀的特點

在企業統一核心價值觀時，需要掌握住核心價值觀的這一作用特點，從企業實際出發，真正確立符合企業發展需要的核心價值觀。

近年來，越來越多的企業開始關注核心價值觀的統一，但在這一過程中，各行各業、各種經營理念的不同企業，其核心價值觀卻逐漸趨同。

在一項對美國 301 家頂級公司使命宣言的考察中，我們可以發現其價值觀關鍵詞十分類似，如「客戶（customers）」出現了 211 次，「團體（communities）」、「團隊（team）」、「團隊合作（teamwork）」等關鍵詞則出現了 263 次，「創新（innovation）」、「原創（initiative）」出現了 174 次，「員工（employers、individual）」則有 236 次。

無論在國內還是國外，價值觀趨同都成為一種主流趨勢，但這並不意味著這些價值觀的措辭都只是陳詞濫調、互相借鑑，也不意味著企業就必須尋找新的關鍵詞以避免雷同。在統一核心價值觀時，我們必須真正理解核心價值觀的特點，深入理解其中的哲學精髓，並由此確立企業行為和核心能力，如圖 2-4 所示。

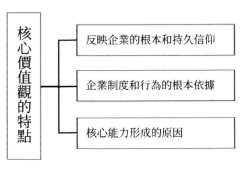

圖 2-4　核心價值觀的特點

（1）反映企業的根本和持久信仰。在流傳至今的各民族文化中，我們總是能夠找到一些共通點，如誠信、仁德、友愛等，這樣的雷同並不代表陳詞濫調，而是因其反映了人類社會根本和持久的信仰。企業價值觀也同樣如此，我們在統一企業核心價值觀時無需求新立異，而應真正從企業實際出發，確立企業的根本和持久信仰。

（2）企業制度和行為的根本依據。在企業文化的培養中，企業必須要

理解，物質層面是精神的外在表現，制度層面則是精神的保證和初級階段，而精神層面的核心正是企業的核心價值觀，是企業文化的根本。

因此，核心價值觀是企業制度和行為的根本依據，企業同樣要從制度和行為兩方面著手，培養並統一企業的核心價值觀。

①制度層面。制度是透過規範企業成員的具體言行來保證核心價值觀的踐行和傳播。企業的每個成員都有自己做事的方式方法，但在企業身分下的所有言行，都必須符合制度約束，進而形成習慣，使核心價值觀滲透成為每個成員的思維和行為習慣。

②行為層面。企業行為首先必須符合企業制度要求，同時，為了進一步強化核心價值觀的培養，企業還可以藉助物質層面與精神層面的一致性，如視覺辨識系統（VI）、行為辨識系統（BI）的建立，引導企業行為符合企業制度和核心價值觀。

（3）核心能力形成的原因。企業核心價值觀同樣是企業核心能力形成的原因。

正是在遵循企業核心價值觀的行為中，企業才能在優勢資源的持續集中和開發中，形成屬於自己的核心競爭力。

例如，雖然同樣強調「創新」，但蘋果、小米等企業提倡的「創新」內涵並不相同，因此，其最終形成的核心能力也相差甚遠，如蘋果的品牌、小米的性價比。

核心價值觀作為企業文化精神層面的核心，統領著企業物質和制度層面的發展。所謂皮之不存，毛將焉附，任何企業如果缺乏統一的核心價值觀，就無法據此完成物質和制度層面的建設，無法引導企業成員行為、實現企業文化薰陶，更不可能有未來。

07
如何提煉企業價值觀

　　企業價值觀不是拍腦袋想出來的，也不是寫在紙上、掛在牆上的，而是涉及全體成員的、企業最重要的產品，展現在企業營運的每一個節點上、企業生產的每一件產品上以及企業推出的每一項服務上。

　　企業價值觀終將融入企業的血液，成為企業所有成員的自然選擇，在企業成員的嚮往、認同、落實、堅守與傳承中，企業價值觀也將帶給企業更大的力量和更多的溫度，指引企業走向更高遠的未來。

　　那麼，對企業而言，我們又該如何提煉屬於自己的企業價值觀呢？

1. 提煉企業價值觀的自問與定向

　　企業價值觀首先源自創始人價值觀，正是在創始人的吸引與培育下，創始人價值觀逐漸吸收管理層及其他成員價值觀，形成企業的價值觀氛圍。但這種自發的形成過程，卻使得企業無法控制最終提煉出的價值觀成果。

　　因此，在提煉企業價值觀時，企業就要透過自問來明確價值觀的提煉方向，並在實現應用中培育和維護企業價值觀。

　　（1）創始人的自問。在提煉企業價值觀時，創始人可以藉助以下幾個問題來尋找答案。

　　①我是因為什麼樣的特質，才有今天的成就？

　　②我想跟什麼樣的人合作？他們具備什麼樣的特質？

　　③假如有一天我成功了，去大學演講，我最想送給大學生的三句話是什麼？

④假如有一天我離開人世，我最想送給孩子的三句話是什麼？

⑤假如有一天我離開人世，希望後人對我的評價是什麼？

（2）高階主管的自問。高階主管同樣要主動參與到企業價值觀的提煉中，並自問這樣幾個問題。

①創始人身上的哪些特質吸引我跟隨他？

②我和創始人具備的共同特質是什麼？

③我希望我的員工未來成為什麼樣的人？

（3）價值觀的提煉方向。創始人和高階主管的自問，實際上就是在明確自己的價值觀，而由此出發，我們就可以從提煉企業價值觀的四個方向中尋找企業價值觀的答案。

①創始人堅持的價值觀。

②創始人及高階主管共同擁有的價值觀。

③創始人或高階主管期待形成的價值觀。

④產業特質所必需的價值觀。

（4）價值觀的實現應用。企業想要透過提煉價值觀增強企業競爭力，就要讓價值觀真正實現，並融入每位企業成員的血液當中，因此，在價值觀的實現應用中，企業還需注意以下八個細節。

①創始人與管理層對價值觀的堅定信仰。

②明確每一條價值觀的形成原因。

③使用企業中的真實案例支撐每一條價值觀。

④不斷向員工灌輸核心價值觀，使其深入員工血液。

⑤將價值觀納入年終考核中，要果斷清除掉不符合企業價值觀的人。

⑥企業全體成員、各個環節都需對核心價值觀堅定執行。

⑦圍繞企業價值觀，開展年度大會、旅遊、聯歡會等活動。

⑧將價值觀、原因及案例等內容寫入員工手冊，要求每位新進員工熟讀。

2. 提煉企業價值觀的基本原則

企業建構企業價值觀必須堅持「五個統一」的基本原則，如圖 2-7 所示。

（1）夢想與現實的統一。企業的價值觀應該展現企業的偉大夢想，夢想為企業提供了追求的力量和目標，同時也能吸引到認可這一夢想的外部人才。但要注意的是，夢想並非脫離現實、好高騖遠的空想，而是在不懈努力中必須達成的目標。而企業核心價值觀，就是夢想與現實的結合點，發揮夢想帶來的不竭動力，引導企業不斷向著夢想的目標前進。

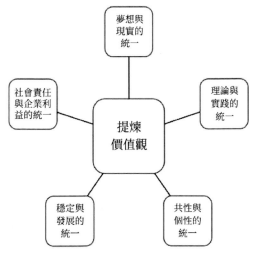

圖 2-7　提煉企業價值觀的「五個統一」原則

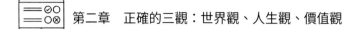

（2）理論與實踐的統一。企業價值觀並非一句口號、一篇制度而已，這些口號式的工作對建構企業價值觀而言遠遠不夠。只有用行動去踐行並維護企業的價值觀信條，企業價值觀才能明白無誤地轉化為行為，使價值觀與企業每位成員的行為統一。

（3）共性與個性的統一。在價值觀趨同的大趨勢下，企業已經很少能夠形成多麼獨特的企業價值觀。但要明確的是，獨特原本就不是企業價值觀的必備要素，很多價值觀信條都可能頻繁出現在不同產業的不同企業當中，如客戶、團隊、員工、創新等，但即使是同樣的價值觀信條，在每個企業當中蘊含的哲學精髓也不盡相同，企業需要找到共性與個性的統一。

（4）穩定與發展的統一。企業價值觀一經確定，就需要在長年累月的薰陶與累積中沉澱為企業的內化觀念，並對企業成員發揮持久的指導作用。然而，隨著時代和企業的不斷發展，企業價值觀也需要適時、適當地進行改變，企業必須在穩定的基礎上進行發展，以適應新形勢的需要。

（5）社會責任與企業利益的統一。企業不僅是經濟實體，更是社會實體，不僅要造富企業與員工，更要造福更多人，這種雙重性的身分特徵，也使得企業價值觀必然需要考慮到社會責任與企業利益的統一。只有如此，企業才能避免單純追求利益的短期行為，並在長期的經營發展中為企業創造良好的外部環境，進而形成良好的信譽、獲得潛在的市場。

08
你想成為怎樣的人

有時候一句話說出來很輕，但對聽進去的人來說，往往是輕言出重錘，而這句重錘確實徹底地改變了小雪的人生。在兩次面對人生重要選擇的時候，這句話都點醒了她，讓她作出了絕不後悔的正確決定。

小雪，朋友們稱為「四姐」，其實是一位 6 歲孩子的母親，在加入諮商公司以前則是一位全職太太。從全職太太到財務總監，從壓抑悲觀到自信從容，小雪這一路的成長與蛻變都有公司的陪伴，而她也見證了公司從初生到茁壯的成長。

她與公司的緣分正是從這句「你想成為一個什麼樣的人？」開始的。

人們總是很難想像剛生完孩子的母親都面臨著什麼，小雪對此卻深有感觸：每兩個小時寶寶都要吃一次奶，一天加起來只能零碎睡四五個小時；寶寶就像一個定時炸彈，你不知道他什麼時候就會突然莫名地哭，使出渾身解數也沒辦法緩解。那種挫敗感和壓抑讓小雪整個人如臨深淵，甚至覺得自己活著沒有意義。

那天下午，小雪站在家裡的窗戶前，窗外一片冬天的肅殺，樹枝光禿禿的，連平日看慣的白牆都顯得蒼白到絕望。她反覆問自己：這真的是自己想要的生活嗎？如果不想在平凡和瑣碎中憂鬱到絕望，就一定要從這個糟糕的泥潭中掙脫出來，一定要擺脫這種低迷的狀態，讓自己的人生不能這麼渾渾噩噩──所以，小雪選擇了走出來去找工作。

儘管家裡的兩個「老爺們」都不同意小雪返回職場，但小雪的婆婆給

了她巨大的力量，婆婆說女人也需要有自己的事業。於是，2015 年 3 月，小雪開始投履歷找工作，機緣巧合下來到了趙老師的面試分享會。當時趙老師講了很多關於公司理念之類內容，但對那時的小雪而言，這些內容卻很難聽懂。但也是在那一天，小雪再次聽到那句話：你想成為一個什麼樣的人？

第一次聽到這句話時，小雪才剛畢業，初入職場的她也沒有多喜歡自己的科系，畢業就去了親戚家的公司，去了財務部。當時的財務總監培訓她時就問了這個問題：妳想成為一個什麼樣的人？這句話讓小雪第一次真正開始思考自己的未來，她當時的回答是：我想成為你這樣的人。

那位財務總監是個很優秀的人，工作和事業都做得有聲有色，小雪很崇拜她，因此，她就想成為那樣的人。這就是小雪的第一個選擇，她的職業發展方向也由此有了起點。因此，再次聽到這句話時，她突然有些恍惚，那個埋藏在她心裡做一個優秀財務總監的夢想蠢蠢欲動，那被瑣碎時光淹沒的夢想又一次被點燃了。就因為這句話她沒有走，而是選擇加入諮商公司，開啟新的人生。

當時的小雪和其他一起面試的人相比其實有很大劣勢，其他人都是沒有結婚剛畢業衝勁十足的大學生，像她這樣已婚已育的女性在就業市場卻很吃虧。雖然心裡沒底也不自信，但小雪真的不想再回到天天在家裡自怨自艾的生活當中，於是她決定放手一搏，在充分準備後終於憑著之前的工作經驗成功拿到 offer。

直到今天，小雪仍然很感謝當時公司給她這個機會，公司的包容性對當時的她來說，就像在黑暗中摸索的人苦苦追尋的那道光，讓她終於有了方向。當時的諮商公司也是剛剛建立，而這也是小雪人生的第二次起點，

一起出發的感覺更讓她心動不已。

　　小雪與公司的緣分真的很奇妙，在加入公司之後她曾離開過一次，這是因為，當時新成立的公司並沒有什麼財務方面的工作，企業文化也與她之前待過的公司大相逕庭。完全陌生的產業、陡然轉變的環境，這一切都在衝擊著小雪。

　　甚至在當時，公司還與她協商希望她先到行銷職位上工作，等財務方面有工作再轉回來。這時候她想起了心裡的這句話：「我想成為什麼樣的人？我想成為財務總監啊，去做行銷完全背離了我的初衷。」於是，在與家人協商後，沒待多久她就選擇了離開。

　　當時恰好小雪在考駕照，她就決定考完駕照再重新找工作，於是她又回到了簡單的兩點一線的生活。可是這樣的生活又讓她陷入了曾經的泥潭，毫無價值的感覺讓她十分無力，雖然家中根本不缺她的那份收入，但沒有經濟來源的小雪有一種強烈的危機感。

　　這時，小雪總是忍不住回想在諮商公司的那段短短的時間，雖然時間不長，但她其實也有收穫，尤其是公司的同事朝氣蓬勃，每個人都非常熱情和友善。回想那段時光，小雪才後知後覺地發現：那是她產後壓抑日子裡最快樂的時光。幸運的是，正在這時諮商公司又一次找到了她，說是公司經過初步發展已經有了財務工作，想請她回去工作。

　　小雪回憶起諮商公司的工作氛圍，又一次心動了。但在與先生商量後，家人卻希望她找一份朝九晚五的工作，可小雪心裡想的卻是趙老師的那句話──經過整整一晚的深思熟慮，小雪最後決定回到諮商公司。

　　如果你知道自己想去哪裡，全世界都會為你讓路。

　　剛回諮商公司時，因為工作並不多，小雪每天主動找事來做。離家近

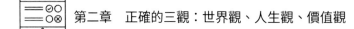

的優勢讓小雪甚至能兼顧孩子。但沒想到，才短短半個月後，隨著公司的快速擴張，小雪一下子就忙起來了，一大堆的工作不請自來，加班也開始成為日常。

隨之而來的就是家庭矛盾的加劇，那個時候因為幾乎天天加班，家裡總是發生爭吵，先生總是讓她別做了，家人們也希望她能回歸家庭。他們的阻攔卻進一步堅定了小雪的決心：我要證明自己的選擇是對的，絕不放棄，要做就一定要做好！

當時諮商公司開課基本是傾巢而出，就連作為財務的小雪也要奔赴開課現場，每次開課時都是大家一起努力，基本每天都是一兩點睡覺，第二天很早起床到會場。大概就是那個時候，小雪與同事們結下了革命般的友誼，從同事變成了並肩作戰的夥伴。大家一起付出的氛圍讓她覺得很開心，思想上也有了很大的轉變。在從前的公司，她總是覺得公司給多少錢就做多少事，多一點都不願意做，多一分鐘的班都不加，現在卻是心甘情願地為公司付出，把公司當成自己的家一樣，同事們也都成了家人 —— 雖然辛苦，但小雪真的很滿足。

在工作中，小雪也遇到過很多困難，財務本身就是很專業的領域，在公司雖然沒有人能指導她怎麼做帳，但是她卻受到氛圍的感染，願意主動、快速成長。每當遇到新工作、新專案時，小雪都會主動想這個事情怎麼做、怎麼交接，而不再是簡單地「我不知道，我不會做，我做不了」。對接到的每一個任務，小雪都會認真地思考怎麼才能做得更好。她就這樣摸著石頭過河，慢慢自己摸索，實在摸索不透就打電話、查資料、找人問，最終一步一步地堅持下來。

小雪在回憶那段時光時說道：「就好像有股力量牽引著我，指引我一

股氣地往前衝。如果你問我這種力量是什麼？我覺得是公司的文化，是公司的價值觀，是公司的這些人，是公司的這些主管們，這一切都讓我覺得十分好，這就是我願意付出、願意待在這家公司的原因。」

當時小雪80%的精力都放在了工作上，家裡的小孩都交給老人來帶，這也造成了許多問題。於是，很多個週末她都會把孩子帶到辦公室，孩子在旁邊自己玩，她不停地工作，有時候忙到半夜才發現孩子都睡著了……工作和家庭真的很難做到兼顧，家裡人開始勸小雪回家。

糾結和難過充斥著小雪的心：就好像種了一顆種子，看著它慢慢發芽、長大、開花，馬上就要結果了，身邊的人卻都讓自己離開──怎麼可能會甘心呢？

但小雪卻明白，女人一定要有自己的事業，靠誰不如靠自己。

透過與公司主管的溝通，小雪終於找到了兩全其美的辦法。她在主管的指導下開始做培養工作，讓自己能抽出更多時間陪伴家人，家人看到她的堅持也漸漸放棄勸說。那時，雖然工作還是很忙、很累，但是每當忙完一個任務，小雪都會特別暢快、舒服，每當她感覺無法堅持時，她都會默默地在心中把自己想成為的「樣子」再描繪出來。

小雪終於明白，很多時候人們之所以沒法兼顧家庭和工作，是因為自己不夠強大、能力不夠、承載量不夠，但無論如何都不要輕易放棄，再堅持一下事情就會出現轉機。

與之前的迷茫不同，小雪在諮商公司真的找到了自己的價值，連續四年的敬業獎就是公司對她付出的認可和回饋。現在家裡也不再勸她辭職，甚至在今年，公司還幫所有五年以上的員工眷屬購買保險，發放了教育金和養老金，家人收到以後特別開心，誇讚說公司福利待遇真不錯，他們也

認知到她在這家公司的成功和發展前途。

小雪終於找到了自己未來的發展方向 —— 做一名財稅輔導老師。

這兩年，公司給了她很多機會，她也覺得非常開心，很有成就感，尤其是幫助別的公司把財稅規劃梳理清楚並實行時，她就覺得自己做了一件很偉大的事。

諮商公司的文化是在公司內大家都互稱老師，一開始小雪總覺得自己配不上這個稱號，直到做了輔導老師之後，她才覺得自己擔得起「老師」這兩個字。因為她真的在財稅方面幫助了很多企業，對方的滿意和感謝也讓她感到滿足。

小雪在諮商公司真正找到了人生的意義。她總是對別人說，與其說是我選擇了公司，不如說是公司拯救了我，給了我的人生一次翻盤逆襲的機會。如果不是這個正確的選擇，我可能還是那個迷茫無助、生活一團糟的家庭主婦。再踏入社會的不自信和恐慌被公司的向上朝氣衝散，這才有了現在自信從容的我，我相信成功是屬於努力、堅持的人。公司可以成就我，也可以成就每一個苦苦掙扎的你，這個包容性極強的平臺歡迎每一個願意做出改變的人。世界上有很多條路，但我們一定要為自己而走！

第三章
工作與生活的統一

　　現在，越來越多的人將工作與生活對立起來，認為工作影響了生活。但工作本就是生活的重要組成部分，占據了我們人生三分之一甚至更多的時間，並為我們帶來物質財富、精神成就乃至自我實現。因此，我們要作的並不是工作與生活的切割，而是要在工作與生活的統一中，實現自己的目標、價值與夢想，這也是企業文化實現的重要課題。

01
身在紅塵中，工作是最好的修行場

當今時代無疑是一個物質豐裕的時代，尤其是當每個人的通訊軟體打開都是同事與主管的對話，生活總是離不開柴米油鹽、房貸、車貸等問題時，人們逐漸迷失了生活的方向，找不到人生的意義與價值。在各種嬉笑玩鬧中，每個人的內心深處都藏著一個最根本的問題：人為什麼活著？

關於人生意義的思考與迷茫，使無數人開始接受冥想與修行，想要在出世的修行中提升心性、磨練靈魂。面對這樣的問題，作為企業管理者，我們則要在企業文化中為所有成員尋找答案，讓企業成員在工作中完成修行，而不是激化工作與生活的矛盾。

在日本有「經營四聖」，分別是索尼創始人盛田昭夫、松下創始人松下幸之助、本田創始人本田宗一郎、京瓷創始人稻盛和夫。其中，稻盛和夫是唯一健在的傳奇人物，他於 27 歲創辦的京瓷公司如今已經成為擁有 189 家企業的「商業帝國」；但最令人吃驚的是，在他 65 歲那年，當被查出罹患胃癌之後，稻盛和夫決定在京都圓福寺剃度出家修行；在他 78 歲高齡時，他應日本政府的要求接手日航，並只用了一年時間就將其扭虧為盈，重回世界 500 強。

稻盛和夫不僅是享譽世界的經營大師，他關於人生的經驗和思索，也指引了無數人重新思考工作和人生的意義。而眾所周知，儒家先賢王陽明先生又是稻盛和夫的精神導師。事實上，無論是稻盛和夫的「敬天愛人」，還是王陽明的「知行合一」，都為我們指出了在紅塵中修行的道路。

1. 切莫為修行而修行

當修行成為人們關於磨練靈魂的共同認知時，越來越多的人開始追尋關於「修道」、「正果」、「覺悟」、「洗滌」的超脫之感，似乎修行就必須遠離塵世，最好是在深山老林中靜坐，在明寺古剎中讀經，在西藏神山上朝拜……但用佛教的話來說，這樣的認知無疑是「著相」了，不僅無法提升心性，反而顯得矯揉造作。

即使是備受無數修行者推崇的王陽明先生，很多人因其一句「心外無物」而熱衷禪定，但王陽明的心學核心卻在於「知行合一」，在行為中踐行認知、在認知中完善行為。

王陽明在拜訪杭州虎跑寺時曾見過一位枯坐入定的僧人，據說他已經禪定三年，既不說話，也不看人，禪定功夫可謂一流。但王陽明聽說之後卻大聲在旁說道：「這和尚每天念經不止、目不斜視，就算作真的開悟了嗎？」那僧人聽了大驚，與王陽明一個對視，自此破了三年的禪定功夫。王陽明又繼續問他：「你家裡可還有什麼人？」僧人說：「還有一位年邁的老母親。」「你想她嗎？」聽了這個問題，僧人猶豫地說道：「想啊，可我還要修行悟道……」

王陽明立刻大聲斥道：「想念她，那就回家看她！佛讓你一心向善，你卻躲在這裡，連年邁的母親都不看一眼，這就是你的『善』嗎？」僧人恍然大悟，立刻淚流滿面，收拾行李回家去了。

當有些修行者口稱「心外無物」時，卻執著於深山、古剎、靜室、蒲團等外物，這無疑是對心外無物的極大諷刺。在這個地球上，客觀世界只有一個，主觀世界卻有無數個，每個世界都因為個體的意識而存在，在每個個體的世界裡，所有的事物也都是其意識思維分辨的結果。

當我們的心在修行時，那無論在怎樣的場合、怎樣的狀態，我們的心靈都將得到磨練；但如果我們只是為了修行而修行，那即使禪定三年，也不過是一種自欺欺人。

2. 工作是萬病的良藥

很多人將工作看作一種「必要之惡」，認為工作是為了擁有美好生活而必須付出的代價、必須承受的苦難。對於這種看法，稻盛和夫曾提出一段詰問：「難得來世上一回，你的人生真有價值嗎？你的人生價值如何展現出來？你的生活價值就是你忍受了多少不愉快的工作嗎？你的工作價值就是你帳戶裡有多少金錢嗎？」

「工作是萬病的良藥。」這是稻盛和夫的觀點，也是一句被無數員工視作「洗腦」的話語。但其實，工作其實是解決一切問題的良藥，能治癒我們生活中的各種病痛，因為只有在工作中，我們的人生才會獲取源源不斷的動力，我們的人格才能得以豐滿、我們的命運才能走向美好。

為了重新審視工作的意義，我們不妨將視野拉回到我們一輩子與黃土地為伴的祖輩，我們或許都有這樣的印象 —— 那是一群閒不住的人，雖然農作物有自己的生長時節，但即使在農閒時，他們也總是會找些事去做，或是蓋房加瓦，或是修葺堤壩，或是整修道路，這些事務或許並不會為他們帶來收入，但他們卻樂此不疲。

因為，在他們的思維中，人生並沒有工作與生活之分，不找事做的人就是所謂「懶漢」，一旦懶下去了就再也勤快不起來，而只有當我們能夠勤快地度過每一天，我們才會體驗到人生的充實與美好。

3. 工作是最好的修行場

真正的開悟無須禪定，真正的修行也無須超脫，真正的道場其實就是

紅塵。

身在紅塵裡，工作則是最好的修行場。當我們能夠正視工作的意義時，我們就能理解：身在紅塵裡，工作才是最好的修行場。

王陽明在江西講學時，當地一位官員深受啟發，時常去聽講學，甚至聽得眉飛色舞。但如此過了一個月後，這位官員卻遺憾地對王陽明說道：「您講得太精彩了，但因為政事繁忙，我今後抽不出太多時間來修行了。」王陽明卻不解道：

「我何時讓你放棄政事來修行了？最好的修行其實就在工作中。」

所謂知行合一，任何修行都必須與行為相結合才能發揮作用。對這位官員而言，他的每一次判案其實都是在修行，即在判案時不帶主觀判斷，只看客觀證據，不因厭惡對方而存心整治，也不因同情對方而曲意寬容，更不因事務煩冗而草率結案。

官員如是，我們亦如是。修行就在於知行合一，我們認知的結果必然需要應用到行為當中，也只有在行為中我們才能不斷完善自己的認知，而工作無疑是知行合一的最佳場所。

若非工作中遇到的各種人、事、物，很多人永遠不會脫離自己的舒適圈，他們所見所遇都始終局限在自己的小圈子裡，也無法檢驗自己的認知是否正確，更無法提升心性、磨練靈魂。

畢竟，在回音壁構成的院子裡，聽似嘈雜的聲音波動中，我們能聽到的永遠只有自己的聲音。而在工作中，我們卻能與這個世界進行深度交流，正如稻盛和夫所說的，「將作為人應該做的正確的事情以正確的方式貫徹下去」，透過明確人生的基本原理準則，造就人格、感悟人生、創造美好。

02
勤奮努力是生活與工作的原則

　　工作是最好的修行場，勤奮努力則是最好的修行方法。在世俗的社會中，想要修行的我們，無須居深山、尋古剎，只需遵循釋迦牟尼的「精進」之道即可，在勤奮努力地生活與工作當中，我們自然可以陶冶人格、磨練意志、昇華靈魂，達到修行的目的，而這也是工作與生活的重要結合點。

　　當「錢多、事少、離家近」成為人們對工作的追求時，我們卻忽視了工作的核心作用，工作不僅是為了生存和溫飽，更是為了陶冶情操、實現價值。正是在全身心地投入工作後，我們才能學習如何克制欲望、塑造人格，進而真正享受生活，而非放縱欲望、懈怠人生。

　　人生只有一次，與其虛度，不如認真過好每一天。但在當下，認真似乎成為一種很「傻」的原則，但如果無法堅持這樣的人生態度，平凡的人就不可能脫胎換骨，庸碌的人就只能原地踏步。

　　勤奮努力，既是生活原則，也是工作原則。因為只有在勤奮努力的過程中，我們才能盡可能地感知生活、擁抱收穫、實現成長。即使我一定要將生活與工作切割開來，我們也無法否認，生活與工作都不接受懈怠與懶惰。

1. 堅持下來就會有成果

　　在很多女士看來，成為家庭主婦是一件令人絕望的事情，每天就是餵奶、洗衣、做飯、家務⋯⋯這樣的生活簡直毫無希望，與老公的交流似乎

只剩下鄰居的家長裡短，而人生最大的樂趣不過是在超市打折時搶到的便宜貨。

但愛麗絲・門羅（Alice Munro）卻不同，同樣作為家庭主婦，但她每天都會抽出一點時間來，散步 5 公里，並作些創作。她堅持寫作，但她小說的主題也不過是個人的生活經歷，以及在與鄰里主婦的交流中對愛情、婚姻、生活的感悟。

正是這樣的堅持，最終讓愛麗絲成為 2014 年諾貝爾文學獎的得主。

堅持一個習慣當然不一定能夠成功，比如另一個作家，他同樣堅持跑步和寫作，但卻長期「陪跑」諾貝爾文學獎，他就是村上春樹。雖然未曾得獎，但正如曾經的李奧納多（Leonardo DiCaprio），村上春樹同樣是當之無愧的「無冕之王」，沒有獲獎並不能否定他們的成功。

稻盛和夫最初在一家即將倒閉的陶瓷廠工作，當同事們陸續離職時，稻盛和夫不僅堅持了下來，更是直接搬進工廠吃住，每天除了工作之外不是在做實驗就是看雜誌……最終，在攻克一個研發難題時，稻盛和夫因為材料黏合的問題而陷入苦思，沒想到，無意間踢翻的一桶松脂，卻給了稻盛和夫「神的啟示」，使難題得以攻克，稻盛和夫也由此進入新的境界。

堅持當然是辛苦的，但我們卻要堅信，堅持必然會帶來成果，到那時，我們得到的就不只是公司的獎金、產業的讚譽，更關鍵的是，我們將發現自己對工作的興趣和對生活的熱愛。

2. 你只是看起來很忙

「我已經很勤奮、很努力了，但為何我還什麼都沒得到？」人們總是因此對勤奮努力產生疑問，甚而自暴自棄。

但我們卻要認知到，如今其實是個「忙碌崇拜」的時代，每個人都在

追求「讓自己忙起來」，似乎「忙」可以解決一切問題：失戀了，讓自己忙起來，忘掉痛苦；缺錢了，讓自己忙起來，放棄休息……但「忙」真的能夠解決所有問題嗎？

毋庸置疑，所有成功的人都很忙，但不代表所有忙的人都會成功。很多人在實現目標之前，就先讓自己進入成功的狀態 ──「忙」。但忙來忙去，究竟在忙什麼呢？把自己弄得這麼忙，就能實現目標嗎？

事實上，很多人只是看起來很忙，但「忙」卻沒有為他創造任何的價值。相反，為了維持這種狀態，他甚至還要付出不菲的代價，如金錢、時間，甚至健康和情感。

工作很累、生活很忙，我們對此都深有體會；但在忙、累的同時也要弄清楚：

我們究竟在忙什麼？我們的累到底有無價值？切忌讓自己只是看起來很忙。

拉丁語中有一句諺語：「比完成工作更重要的是完善人格。」但我們的人格卻並非靠無謂的靜思或無意義的忙碌，只有全身心地投入到工作與生活中，不斷鑽研、反覆努力，我們的精神才能得到磨練，我們才可能在某個瞬間頓悟，如稻盛和夫一樣得到「神的啟示」。

3. 舒適是最大的風險

每個人都想要穩定的生活，但風險卻無處不在，甚至在社區旁的公園慢跑，也可能發生意外。更何況，我們生活在一個核武與地震共存的世界。

無論在生活中，還是工作中，做與不做、拚與不拚，都存在失敗的可能。因此，我們要正視風險的存在，明白自己作為「風險承擔者」的角色。

「失敗從來不是選項之一！」這句話說起來確實霸氣，但在應對現實時，這卻只是一種自負。對待風險，我們應該謹記：「策略上藐視敵人，戰術上重視敵人。」

然而，多數人在認知到風險無處不在時，為了盡可能地規避風險，會不約而同地採取同一種手段——找份安穩的工作。但頗具諷刺意味的是，在這個不斷變化的世界裡，這才是最危險的應對方式。

莎拉‧愛迪生‧艾倫（Sarah Addison Allen）在《桃子守護者》（*The Peach Keeper*）中寫道：「如果你感到舒適，那你可能沒有在正確地做事。」如果工作對你最大的意義，就在於安逸與穩定，那不要猶豫，趕快脫離現狀，因為你可能在這份安逸中逐漸沉入流沙，到時就再也沒有逃脫的可能。

03
正確的思考模式，指引工作與生活

　　工作的焦慮、生活的煩悶，使無數人的人生迷失了方向，更找不到意義。於是，有些人將工作與生活做切割，有些人縱情於生活中的享樂而忽視工作，有些人沉浸於工作中的忙碌而忘卻生活……但這樣的方式，卻不可能使我們的人生更美好、更幸福。

　　幸福感是每個人的人生目標。事實上，從企業這一組織的執行方式來看，真正將組織成員連線在一起的正是對幸福感的追求。當企業成員能夠在工作中感知幸福，並隨著企業發展逐漸實現幸福、提升幸福時，企業成員自然能夠充分發揮自己的主觀能動性。

　　而對每個個體而言，在追求幸福感這件事上，我們要樹立正確的思維方式，建構工作與生活的導航，學會如何感知幸福、實現幸福並提升幸福。

1. 幸福人生的方程式

　　究竟如何實現幸福人生？稻盛和夫為我們提供了這樣一個方程式：幸福人生＝思維方式 × 熱情 × 能力。這三種要素是相乘的關係，這就意味著，在實現幸福人生的過程中，三者缺一不可。

　　（1）能力。所謂能力就是指個體的才能、智商，以及健康、運動能力等客觀資質，能力大多都屬先天資質，但經過後天培養也可實現提升。

　　（2）熱情。所謂熱情就是指個體對生活和工作的幹勁或努力程度等主觀因素，熱情基本屬於後天要素，完全由個體意志自行掌控。

（3）思維方式。思維方式是上述三種要素中最重要的一環，甚至發揮著決定性的作用。關於思維方式的定義比較籠統，它既包含個人心態、人生態度，也包含哲學、理念、思想等要素。

和能力與熱情不同的是，能力與熱情的得分都可以採用 0 到 100 分的評分方式，但思維方式卻可能低於零分，處於－ 100 到 100 的範圍之內。這是因為，當我們思維方式出現錯誤時，再多的能力或熱情，都只會帶著我們在錯誤的道路上越走越遠。畢竟，縱使你成為乞丐中的王者 —— 也還是乞丐。

稻盛和夫在陶瓷廠工作不順時，同樣陷入過苦惱，想過更換工作，當時的他甚至萌生了做一名「知識型黑社會成員」的想法。幸運的是，稻盛和夫及時擺脫了這種扭曲的心態，否則，我們將失去一位堪稱傳奇的經營大師，而多了一位窮困潦倒的黑社會小頭目。

2. 勤奮努力的關鍵在方向

曾經有一位礦場主被稱為「礦場魔法師」，很多同行都認為他會魔法，因為他投入的成本只有別人的一半，但效益卻達到別人的兩倍。

好奇的人們來到這個礦場進行調查，卻驚奇地發現：這裡的礦工出奇的多，但他們都沉浸在手頭的工作中，幾乎沒有交流；這裡的福利出奇的差，礦工每天工作 12 個小時，用餐時間只有 5 分鐘；這裡的礦車甚至沒有車輪，每個礦工都必須用繩子拉動礦車前進，就如河邊的縴夫一般。

有人走上去問礦工為何不在礦車上裝個車輪呢？但連續問了幾個人，都沒有人理睬他，直到第八個人，那個人才有所回應：「別來打擾我，沒看我正忙著嗎？」

人們很奇怪：為何這裡的礦工這麼拚命？

他們又待了三天，這天正好是週日下午 —— 礦場休息日。礦場主人將所有礦工聚集在一起，為他們安排了表演節目，而節目的內容就是：「一個礦工因為挖礦又快又多，最終成為礦主。」

這當然只是一個故事，我們都知道只會挖礦的礦工幾乎不可能成為礦主。但在現實生活中，很多人勤奮努力的方式卻如故事裡的礦工一般，他們勤奮努力地做些重複性、基礎性、事務性的工作，但又能有怎樣的結果呢？畢竟，從來不會有人因為把檔案列印得又快又好，成為行政部的主管。這樣的量變即使累積得再多，也不會引發質變。

勤奮努力是工作與生活的原則，而正確的思維方式卻是工作與生活的導航，只有沿著正確方向前行，才能引領我們走向美好人生。

人生並不只是讓自己忙起來即可，當我們日復一日地從事各種瑣碎工作時，我們的時間也正在被浪費，我們的產能也不具有任何價值。在忙碌了一年卻沒有任何收穫時，我們不妨停下來，好好想一想，引發質變的道路在哪裡，找到螺旋上升的方向，跳出忙碌打轉的陷阱。

3. 正確理解幸福的內涵

我們都想要一段幸福人生，我們勤奮努力的終極目標當然也是幸福，但我們對幸福是否有正確的認知呢？每個人都在追求幸福，但幸福究竟是什麼？它是一種客觀實體還是主觀感受？它是物質的還是精神的？

如果我們無法正確理解幸福的內涵，就很難掌握住人生的方向。

（1）幸福不是固定實體。在大多數人看來，幸福感的來源通常表現為財富、權力、家庭、健康、美貌、自由等 —— 無論得到其中的哪一種，都能感受到極大的幸福感。然而，在討論幸福感時，我們首先要明白，幸福不是固定的實體，不是說擁有一千萬存款、成為高級主管、生得美貌如

花，就一定能夠幸福。

（2）幸福是相對的。幸福感的來源不在於實現某個標準條件，幸福感其實是一個相對的概念。無論是將財富、權力，還是健康、美貌作為幸福目標，這些目標通常都是在比較中產生的，或是與自身的過去進行比較，或是與他人的現在進行比較。但就自身而言，幸福感就「如人飲水冷暖自知」，有些人認為擁有 1,000 萬元就會幸福，有的億萬富翁卻認為家庭美滿才是幸福……

（3）幸福感源自多種要素。財富、權力、美貌等任何一種實體，都並非幸福感的本質，而是幸福感的部分要素。在古代有「五福」的說法，也就是「長壽、富貴、康寧、好德、善終」。想要獲得幸福人生，我們就要努力在自己追求的各種幸福要素上得到滿足。

（4）幸福感是物質與精神的統一。幸福感其實是物質與精神的統一，在追求幸福感中，物質與精神缺一不可。所謂「人窮是非多」，如果物質基礎不足，那麼，生活裡各種雞毛蒜皮的小事都會影響幸福感；所謂「幸福由心生」，如果內心無法感受到幸福，那麼，縱使貴為皇帝也會疲憊不堪。

根據馬斯洛的需求層次理論，每個人所處的需求層次不同，而在同一需求層次上的不同人，其需求程度也各有不同。因此，在每個個體看來，幸福感的來源都有所區別，而對幸福實體的衡量標準也有所不同。但可以確定的是，任何單一的幸福實體，都不可能帶來幸福感，只有物質和精神上的共同滿足，才能構成幸福感的本質。

只有正確地理解幸福的內涵之後，我們才能調整自己的思維方式，找到自己追求幸福人生的方向，從而避免在工作與生活中迷失方向，避免自己的勤奮努力成為徒勞。

04
有夢想的人，工作與生活總能協調統一

某電視臺曾經作過一個街頭隨機訪問，面對「你的夢想是什麼」這一問題，很多人只是尷尬地笑場，甚至選擇迴避，真正能夠站在鏡頭前，認真談論自己夢想的人寥寥可數。似乎這是一個比「你幸福嗎」，更讓人難以回答的問題。是夢想已經過時了，還是夢想只能是孩童時嬉笑的妄言？為什麼越是成長，我們越是變得不敢做夢？

實際上，當我們糾結於生活與工作的衝突，當我們想要透過遠行來逃離工作與生活時，正是夢想缺位的時候。

很多人都曾擁有屬於自己的夢想：想成為藝術家，到處尋找靈感，創作藝術；想成為作家，寫下心裡的文字，與讀者共勉……然而，現實卻經常給人們「一巴掌」，藝術家也要付房租，作家也要吃飯，這些都需要錢。而想要生存，就要出售作品；而想要賣出去，則要迎合市場；而在迎合市場時，創作也失去了個人的色彩，變得功利。

在夢想與現實的巨大差異下，有人仍然安慰自己：「人沒有夢想，和鹹魚又有什麼區別？」但同樣有人反駁道：「鹹魚畢竟可以下飯。」正是在這樣的爭議中，人生也逐漸失去平衡，陷入「人窮志短」的困境。

其實，想要解決生活與工作的衝突，我們就必須重新建構自己的夢想。因為有夢想的人，才能真正實現生活與工作的協調統一。

1. 人生需要「大得有點過頭」的夢想

關於夢想，很多人總是表現出不敢想或不以為意，但我們想要依靠自己的力量開創一個美好的人生，就應該擁有一個「大得有點過頭」的夢想，擁有一個超越自身實力的願望。

稻盛和夫在創立京瓷之初，就立志「要讓公司稱霸全球新型陶瓷業」。雖然當時的稻盛和夫仍沒有具體的策略或確鑿的計畫，但他卻向員工不斷地訴說這一志向，在不斷地灌輸中，稻盛和夫的夢想也終於成為全體員工的共同夢想，並最終開花結果。

美國前總統威爾遜（Woodrow Wilson）曾說：「若提到偉大，那必是因為夢想。成功者都是大夢想家，因為他們在陰天的暴雨中、在冬日的篝火旁，依舊夢想著未來。有些人的夢想變成泡沫，有些人的夢想開花結果，因為他們精心維護、培育夢想，故夢想帶來的光明和希望總會降臨到真心相信夢想會成真的人身上。」

這大概就是所謂念念不忘，必有迴響。我們以後的生活是什麼模樣，人生是什麼走向，早就被烙印在曾經播撒夢想的土壤裡。夢想是我們為自己繪製的地圖，我們將去往何方，都取決於這幅親手繪製的地圖。

每個人的夢想不同，才造就了不同的人和不同人的生活。當然，也只有不斷追逐夢想的人，才有機會生活在夢想的生活裡。這個道理和相由心生的含義一致，我們追求的事物反映了我們的內心，同時，我們的心理狀態會展現在我們的面容、儀態、行動中。這正是夢想神奇的化學反應。

夢想只要在我們奮力追逐的時候才有意義，否則，那便不是夢想，而是痴人說夢。未來只有在實現夢想的過程裡才最精彩，否則，就不過是日復一日、年復一年的苟活。

2. 在追求夢想的道路上，沒有輸贏，只有前行

很多人之所以不敢擁有夢想，其實只是因為不想成為夢想輸家。坦白地說，輸真的很可怕，尤其是當我們付出所有心血和精力卻仍然難挽頹勢，不得不眼睜睜地看著一切走向失敗 —— 這種感受確實可怕。然而，我們真的輸了嗎？

如果說有什麼事件能夠成為一切努力宣告結束的象徵，鋃鐺入獄、被判無期徒刑或許是一個重要象徵，這甚至已經超出許多普通人的想像。

如果說有什麼時間能夠代表著人這一生奮鬥的結束，那古稀之年大概已經足夠長久，畢竟很多人錨定的退休年紀不過是 60 歲。

在真正的夢想和理想面前，我們理應不懈奮鬥、打拚前行，而只要我們還在路上，那就仍然不可謂成功或失敗。事實上，當我們朝著夢想的目標堅持前行時，生活與工作也就融為一體，因為我們眼中的前路簡單直接，不會出現相互背離的雙軌。

3. 堅持奮鬥，推遲你的滿足感

生活與工作之所以出現衝突，往往是因為生活被看作享受、放縱，而工作則被形容作奮鬥、疲憊。正是因為這樣的思維方式，生活與工作才出現了偏差。其實，在追尋夢想的道路上，我們應享受奮鬥的過程與收穫，而所謂消解疲勞的放縱，其實是對人生的放縱。

很多人之所以選擇放縱，大多是因為對現狀的一種滿足感：吃家裡、住家裡，月收入 2、3 萬元足矣；下班回家吃著零食看美劇，人生就是要這樣愜意……

但當你選擇在年輕時就選擇享受時，你終將品味一段庸碌的人生。

哈佛大學的老師常對學生說：「Delay your gratification（推遲你的滿足感）。」

前路漫漫，千萬不要過早貪圖享樂，只有透過奮鬥換來的享樂的能力，才是屬於自己的，才是永恆的。否則，當我們失去可以依賴的人，當我們失去可以愜意的空間，我們這一生還如何能夠如此享受？

有的成功者說：「窮人之所以窮，並不是因為不會投資，而是因為不會花錢。」人生說到底是一場投資與收穫的遊戲，而投資說到底則是花錢的一種形式，無論是投資理財還是投資教育，它們都能達到同一個結果，讓「錢生錢」，讓自己離目標更近。

投資無疑是最聰明的花錢方式，很多時候，我們的錢花出去了，除了給我們帶來一時的享受，卻沒能帶來任何其他收益。這樣的花錢就是純粹的消費，這樣的消費其實也是在消耗我們的人生。

英國小說家查爾斯‧狄更斯（Charles Dickens）在《塊肉餘生記》（*David Copperfield*）中寫道：「賺 20 英鎊，花掉 19.96 英鎊的人，留給他的是幸福；賺 20 英鎊，花掉 20.06 英鎊的人，留給他的是悲劇。」

放縱大多展現在金錢上，但也不止於此。我們的金錢、時間、精力，究竟是花費在了無謂的享受上，還是投資在了能力的提升上？這將決定我們最終的收穫和回報。而當我們在生活中仍然聚焦能力的提升，在工作中仍然追尋夢想的實現時，工作與生活又怎麼發生衝突呢？

— 05 —

守原則，重行動，人生與工作亦然

對待工作與生活中的諸多事物，人們總是容易考慮得過於複雜，然而，事物的本質其實極為單純，再複雜的事物也不過是若干簡單事物的組合而已。正如人類的遺傳基因，雖然包含 30 億個鹼基對排列，但真正能夠表達基因密碼的只有 4 個而已。

浮於事物表面的複雜性，往往只是因為人們想得太多，我們需要投入複雜現象辨識單純本質的能力，而這就需要我們守住人生和工作的核心原則，再據此作出相應行動，因為我們都知道，縱有再多的思考和計畫，如果沒有執行那都毫無意義。

1. 守住單純的「原理原則」

稻盛和夫在 27 歲建立京瓷時，不過是一位有經驗的陶瓷工程師，但卻缺乏經營企業的知識和經驗。面對接踵而來的各種問題，尤其是財務、行銷等事項，稻盛和夫必須迅速作出決斷，而任何一次判斷失誤都可能使這家初創企業陷入絕境。

在苦思冥想之下，稻盛和夫最終想出了屬於自己的「原理原則」作為所有判斷基準，即「作為人，何謂正確」？在這樣的「原理原則」下，稻盛和夫要做的就只是將正確的事情以正確的方式貫徹始終而已。

如正直、誠實、謙虛、親切等父輩教導的、人應遵守的原則，理應成為我們人生和工作中必須遵守的基本準則。好壞對錯或許真的沒有一個完全明確的間隔，但在可做與可不做之間，我們卻可以依據相應的道德和倫

理作出選擇。

　　無論是企業文化的塑造，還是個人的生活與工作都是如此，人類所有活動的對象都是他人，而在人與人的互動中，我們的判斷就不應偏離人最基本的道德規範。如此一來，我們才不容易陷入困惑，而是以積極的心態迎接人生中的一切挑戰。

　　「守原則」在很多人聽來已經十分老套，甚至與時代格格不入。但要知道，過去判斷累積的結果就是我們現在的人生；而我們當下的選擇，也將決定我們今後的人生。

　　此時，如果沒有一個明確的基準判斷，我們就將如黑夜中沒有燈光的行人、大海上沒有航海圖的孤帆，難以確定屬於自己的道路。

　　在當今時代，我們總是能夠遇見太多選擇，而在數十條岔路的起點處，我們又該如何作出選擇呢？是我們原本該走的那條路 —— 那條布滿荊棘的道路，還是那條圓滑輕鬆的道路 —— 即使我們不得要領？如果我們選擇了後者，但不得要領的我們，又能在這條道路上走出多遠呢？

2. 貫徹落實與執行才有意義

　　任何思考、計畫或原則，如果脫離了貫徹落實與執行，也就毫無意義，正如一串「0000」的前面如果沒有「1」，那它仍然是最小的那個數字。當我們確定了自己的原則和夢想，那我們要做的就是立即執行。

　　班傑明・富蘭克林（Benjamin Franklin）早已給出忠告：「千萬不要把今天能做的事留到明天。」但人們總是習慣將事情推遲一步再做，好享受短時間的安逸。有時，很多人不想出去跑步，不想做財政預算，不想完成工作清單上的下一步，確實，他們很累了，那些事也確實很難，或很耗時，短暫的休息也未嘗不可。但在休息之後，還請加倍努力趕上進度！因

為只有在執行與獲得中，那些苦難、煩悶才會真正值得。

威廉‧克萊蒙特‧斯通（William Clement Stone）建立的保險帝國價值數億美元。而他對他的所有員工都有這樣一個要求，那就是在每天開始工作之前不斷默念：「立即執行！」一旦覺得自己懶散了，或者想起什麼必須要做的事情，就大聲對自己說：「立即執行！活好當下！」

「立即執行」──一位經理人小唐的電腦桌面上就寫著這樣的四個字。在小唐看來，不給未來太多遺憾的唯一方式，就是珍惜當下的每一分每一秒，讓其發揮出最大的價值。

常常有人會說：「如果當初我也那麼做的話，我早就發財了！」、「我早就知道會這樣，只是我沒做而已！」但在此時，他們並不感到後悔，反而會因當初的「料事如神」而感到沾沾自喜。他們自信地認為：「看吧，就像我說的那樣吧！不是我發不了財，只是我不去做而已」。而問到為什麼不去做，他們也會說：「既然只要我做就能成功，那不如抓緊現在的時間好好休息一番，養足精神再做。」於是，他們就真的休息至老，一事無成。

3. 活在當下，不給未來留下遺憾

時間最大的殺手就是拖延。時下，「拖延症」被很多人掛在嘴上，他們並不是因為仍在尋找目標、摸索方法而無法行動，事實上，即使「萬事俱備」，他們仍然不願著手去做──似乎只要事情拖著不做，就能避免時間帶來的壓力。

相比於動手去做，動嘴當然更加輕鬆；相比於努力打拚，躺平當然更加安全。正是因此，很多人希望盡可能將動手的事情往後拖延，如工作、學習、生活，直到迫不得已為止。

在很多人看來，似乎一旦開始工作、學習就再也沒有時間休閒，於是，他們就盡量將工作、學習延後處理。同時，當一段比較困難的工作或學習計畫將要開始時，他們能夠預想到的情境是：在相當長的時間裡，自己都需要專注於此，但卻不一定能真正實現目標，如果做得沒別人好還會讓自己丟臉。於是，「拖延症」自此而生。

繼續深究，我們就能看到在那些冠冕堂皇的話語背後，其實是藏在內心深處的恐懼感。

（1）對失敗的恐懼。在這種恐懼下，人們好像只要拖著不做，就不會失敗，在浪費時間和精力的時候，他們也會告訴自己：「沒關係的，我能做成的，只是現在還沒準備好。」而當失敗真的成為事實時，他們也能夠安慰自己：「只有這麼一點時間，做不好是正常，有這樣的成績已經很好了。」

（2）對「不如人」的恐懼。他們往往對自己的能力十分不自信，害怕自己做出來的結果不如別人，而不做的話就能將這種可能「從根源上」消除，當別人做成的時候，他們也卻又表現出極強的自信：「換成是我做的話，我一定能做得比他們好！」

然而，工作與學習中蘊含的成長與成就，才是人生快樂與愉悅的泉源，更是實現幸福人生的重要驅動力。投入到工作、學習中去，並不會讓自己感到孤獨與焦慮。即使最終的結果與自己的期望相去甚遠，但守原則、重行動的我們，也必將在下一段旅程中獲得應得的收穫。

06
磨練心志，表示感激，工作充滿喜悅

「天下熙熙皆為利來，天下攘攘皆為利往」，越來越多的人成為這句話的支持者，相信人類的本性是自私自利。因此，他們所思所想，都是如何用最少的付出，獲得最大的收穫。但當我們只知尋找捷徑時，我們也將失去基本的耐心與善心；當我們總以利己視人時，我們就再難感受真心與喜悅。

如今的年輕人大多會主動套上「迷茫」的標籤，認為生活沒有給予自己應有的回報，因此，他們對這個世界心懷怨懟，更不會向別人付出。

小薇畢業於一所大學的財務管理學系，畢業之後一直在找會計相關工作，她也曾經做著晉升 CFO（Chief Finance Officer，財務長）的夢想。但學歷一般、缺乏經驗的她，在經過長達三個月的面試之後，才終於獲得一家小型財稅公司的實習生工作。

「說是實習生，其實也就是個打雜的。做的都是端茶倒水、整理檔案的瑣事。」小薇如此形容自己的工作日常。但在她的抱怨中，她的閨蜜問：「難道就沒有讓妳上手學習過嗎？」

「別提了。入職就給我安排了一個學長，但那個人才教了我半天，就扔給我一堆帳，然後就自己出去了。這明明就是想自己休息嘛，我做了一會兒就停手了，等他回來就讓他繼續指導……我又不傻，後來我跟幾位前輩說這件事，他們也說是那個人不好！」

看著小薇揚揚得意的模樣，閨蜜也明白了她為何會陷入如今這樣的處境。

　　對於老員工而言，把一些繁雜的工作丟給新人，或許是一種放鬆；但對於新人來說，這卻是難能可貴的鍛鍊機會。畢竟，就算工作做差了，「背鍋」的其實仍是老員工而已。

　　如果新人不願接手，老員工當然不會有什麼意見，但也很難再悉心去作指導。畢竟，這也不是他的分內事。而新人竟然還以此向別的老員工抱怨，那結果可想而知了。

　　為何不高興？為何會迷茫？究其根源，其實正在於不願磨礪心志、無法心懷感恩。當你將減少付出看作自己的收穫時，那你就會如吝嗇的葛朗臺（Eugénie Grandet）一般，失去贏得真正回饋的契機。

▋ 向別人付出，就是向自己付出

　　人類社會離不開人際交往，而人際關係就是在一次次相互付出中形成的。你幫別人帶一份早餐，別人請你喝杯下午茶；你幫別人分擔一點工作，別人將你介紹給他的客戶；你為公司帶來超出本職工作的收益，公司給你更多的獎金或更高的職位……

　　這個世界就是如此，如果一個人不願向別人付出，那他就是在斬斷自己與這個世界的連繫，而所謂回報自然也找不到上門的路。

　　這裡並非讓我們無私付出，這未免強人所難也毫無道理，但我們卻都要記住這樣一句話：「如果你願意為美有所付出，那請拿好這世界塞給你的醜陋。」

　　對於小薇而言，幫老員工做帳是一種純粹的付出，但其實，在付出的同時，她就已經有所收穫，如工作鍛鍊的機會、老員工的認可以及融入新團隊的契機。

　　我們必須要認知到，當我們向別人付出時就是在與這個世界建立連

繫，也就是在向自己付出。

如今，很多網際網路公司的員工都在吐槽「加班」，但他們仍然不願離職。答案就在於，他們明白，就算每天加班，看似是在為公司作付出，但也是在給自己歷練的機會。

人們之所以害怕付出，其實是害怕沒有回報的付出。正如很多人開玩笑所說：「你別看我扛一包稻米扛不動，但如果裡面都是錢，我一定跑得比誰都快。」

沒有人能夠看清付出的前方究竟有什麼收穫，但所有人都知道，如果不願付出，等在原地也不會有好處從天上掉下來。

2. 感恩是最強的能量場

很多人以為這種能量叫做夢想、欲望、財富、愛情，但我要告訴你，感恩才是世界上最強的能量場，也是這個宇宙的基礎能量。當我們心懷感恩並勇於表達時，我們也將贏得世界的回饋，感受到人生的喜悅。

歲月靜好時，感恩讓我們看到平淡生活的美好，激發出更強的創造力；陷入谷底時，感恩幫助我們擺脫抱怨與憤怒，重拾心情、重整旗鼓；稍有成就時，感恩提醒我們切勿驕縱或自私，要懂得回報與利他。

感恩，就是感受這個世界給我們的恩典，而在這樣的感受當中，我們也將與這個世界建立起連繫，當我們對世界有所求時，世界也將給我們更強烈的回應，而當世界對我們有所需時，我們同樣要知恩圖報，如此才能在生命中建立正能量的循環。

生命離不開陽光，人生需要正能量，但很多人卻已經沉浸於「喪文化」而無法自拔。此時，我們則要保持高度警惕，如果無法改變對方不妨主動離開。

人生需要磨礪心志、表達感恩，需要與他人、世界建立連繫，但我們也要明白：「你是誰並不重要，重要的是你和誰在一起。」當我們身陷負能量的泥沼，自身的正能量也會被逐漸吸走。

生活中總有這種人，你還未與他開始交談，就感到不舒服；而當交談進行了 10 分鐘之後，你或許已經身心疲憊。他們的消極、短視，都在消磨你的能量，使你的人生變得黯然無光。

人有時就如飛蛾一般，趨向於光明的事物。如果他身上滿滿都是負能量，我們的身體就會感到不適，在與其長期相處中，我們也會變得平庸；但面對正能量的人，我們卻能進入一種舒服的狀態，因為未來很有希望，生活很有滋味。

切忌成為「能量吸血鬼」，也要切記遠離「能量吸血鬼」。

「喪文化」或許能夠成為奮鬥路上的調味品，但終歸是以削弱正能量為代價。

抱怨的人只會成為生活中的弱者，強勢的人也可能引起別人的厭惡。在與人相處時，我們一定要磨礪心志，言語間多傳遞正能量，這樣才能真正形成一個愉悅的工作氛圍。

07
在生活中、工作上利他

　　在一次採訪中，記者詢問稻盛和夫：「佛教與企業經營之間，是不是會產生矛盾呢？」稻盛和夫的回答是：「其實這是一個很大的誤解。佛教中有這樣一句話『自利利他』，佛教認為，要想自己獲利必須造福他人，教導人們不要只考慮自己的利益，也要讓他人得益。我在企業經營當中也經常要求員工幫助他人。日本有句話叫『人情並不是為別人』，意思是說善待別人就一定有回報。中華文化也有類似的話，如『積善之家有餘慶』，做善事的人家子子孫孫都會得到幸福。就這點來說，我認為佛教不適應資本主義、不適應企業經營的說法是錯誤的，以佛教思想為基礎從事企業經營遠遠比一般的企業經營高尚得多。」

　　事實上，早在出家之前的 13 年，1984 年，稻盛和夫就將手中價值 17 億日元的股份，贈予集團內的全部 1.2 萬名員工。在他的著作《人生與經營》中，稻盛和夫寫道：「無論現在還是將來，公司永遠是員工生活的保障。」

　　做企業，就是要造福更多人，每個人在工作與生活中也應遵循利他原則 —— 因為利他才是福報。

1.「大善」與「小善」

　　利他是福報，積善有餘慶，但這並不意味著無原則、無節制地利他。之所以越來越多人對「好人有好報」產生疑問，正是因為他們未曾區分「大善」與「小善」。

　　比如很多人都曾遇過的朋友借錢不還問題，朋友遇到了困難，你借了錢給他，但他卻遲遲不還，反而使你陷入困境。為何會發生這樣的事呢？就是因為這樣的「善」只憑感情或同情，但卻沒有作過一個基準的判斷 —— 朋友為何遇到困難？

　　如果這位朋友因為做事馬虎、胡亂花錢已經債臺高築，那你因為同情而借出的錢，相比其債務而言可能只是杯水車薪。更重要的是，這種同情和遷就的做法，反而會助長他馬虎和揮霍的壞習慣，使其在這條路上越陷越深。

　　在這一案例中，因為同情而借錢正是一種「小善」，真正的「大善」應是問清楚事情的來龍去脈，甚至進行一些調查，如果是因為對方揮霍浪費或其他不良習慣才導致這一結果，那我們就應明確拒絕借錢，並勸導對方接受教訓，重新振作。

　　很多人認為這樣的「大善」近乎無情，但我們也要明白：「孩子可愛也要讓他經風雨、見世面。」一味地呵護、同情與遷就，只會讓對方失去認識世界執行規律、了解社會運轉規則的機會。

　　當我們區分了「大善」與「小善」之後，才能在生活與工作中更容易理解利他，並走出狹隘的利己主義，在利他中累積福報。

2. 善待這個世界，你也將收穫善意

　　2018 年初，改編自同名小說的《奇蹟男孩》上映，這部宣傳不多的電影卻迅速在各大影評網站引起熱議，這部電影也被稱作「與人為善的當代童話」。

　　這個故事其實很簡單：患有特雷徹‧柯林斯症候群（Treacher Collins Syndrome，是種先天性臉頰骨及下頜骨發育不全疾病）的奧吉（Auggie）

面部嚴重殘缺，即使經過 27 次整容手術，仍然難以擁有一張普通人的臉龐。雖然他的父母與姐姐一直百般呵護，他的母親甚至放棄設計專業碩士學位，全力以赴照顧奧吉，幫他在家完成小學一至四年級的學業。

直到五年級時，他的家人準備讓奧吉進入學校學習。而對校園生活既嚮往又恐懼的奧吉在入學之後，並沒有體驗到學校的溫暖。各種異樣的目光讓他難受，校園霸凌也落在了他的身上。

但奧吉並沒有對這個世界失望，而是選擇用自己的善良、聰慧和幽默感，感染周圍的人，收穫了友誼、尊重和愛，成長為大家心目中的「奇蹟」。

這部影片的原著小說在 2013 年一經出版，就迅速成為當年的暢銷小說，銷量超過 500 萬本。而其作者 R・J・帕拉西奧（R. J. Palacio）在談及小說的靈感來源時，則稱其源自心裡的一個愧疚：在 2008 年，當她帶著孩子去一家冰淇淋店時，旁邊坐著一位面部嚴重殘缺的孩子，當時的她選擇了避開。正是這件事讓她感到後悔和羞愧，因而寫出這本小說。

在《奇蹟男孩》的結尾處，當奧吉最終獲得學校成就獎時，面對眾人的歡呼，奧吉卻只是簡單地說了一句：「我不知道他們為什麼要為我歡呼，我猜，我只是做好了一個普通人吧。」

所謂「奇蹟」，不過源自「做好普通人」的善意。

很多人看完這部電影，也會由衷羨慕一句：「奧吉是幸運的。」似乎奧吉的一切都源自運氣，但其實，這不過是他善待世界的必然回報。

每個人的人生其實都是一場苦戰，我們需要面對層出不窮的挑戰。這個世界就是如此，即使它缺少善意，但如果我們能夠善待這個世界，我們也終將收穫這個世界的善意。

其實，當我們說「善待這個世界」時，其實就是「善待自己」。因為你的善意是能夠得到回應的，也只有當你善待這個世界時，你才能從這個世界收穫善意。

而當我們能夠善待這個世界時，我們也不用總是為別人是善意或惡意而苦惱，畢竟，背負著這樣的心理負擔只會讓生活更加辛苦。

3. 賦予每個企業成員「幸福驅動力」

「員工是企業最重要的資產」，大概沒有企業會否認這個說法。然而，企業也應明白，每個企業成員作為資產是有其情感需求的，而非擰緊發條就能投入營運的機器。因此，企業想要引導員工實現工作與生活的統一，想要將員工這一「資產」的效能最大化，就必須結合利他思維，為每個企業成員注入「幸福驅動力」。

哈佛大學教授肖恩・埃克爾（Shawn Achor）是《幸福優勢》（*The Happiness Advantage: How a Positive Brain Fuels Success in Work and Life*）一書的作者。他曾對員工幸福感進行了長達十年的研究。肖恩認為，在現代經濟中，幸福且敬業的員工是企業最大的優勢，據調查，員工幸福的企業的銷售額平均增加 37%，生產率平均提升 31%，任務準確性則增強 19%，同時，每個企業成員的健康狀況和生活品質也都得到極大改善。

時至今日，絕大多數人都扮演著「企業人」的身分，我們都面臨工作與生活的矛盾問題，而關於工作的不幸福感卻達到空前水準。正是在這種背景下，當有些企業強調「996 是福報」時，我們更要明確「利他才是福報」。而所謂利他，並非簡單地讓員工給企業創利，企業更要主動為員工創利，在互惠互利中，讓企業和每個企業成員都擁有實現幸福的能力。

正如青島啤酒企業文化中的一個觀點：「釀造啤酒的不是機械的操作

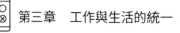

和生產線，只有內心充滿快樂、熱情的員工才能釀造出快樂而熱情的啤酒。」

在長達百年的發展中，青島啤酒也形成了「透過做大『企業』把『人』做大，透過做大『人』把『企業』做大」的企業理念。青島啤酒始終把提升員工幸福指數放在第一位，關愛員工身心健康、保障員工權益、關注員工成長。為此，青島啤酒也從個人和組織兩個角度發力。

（1）個人角度。青島啤酒認為「幸福就是讓合適的人做合適的事」，而所謂合適，也是一種動態的概念。因此，青島啤酒會綜合考量員工的能力、特長和個人意願，實現「適人適職，優勢互補」。

（2）組織角度。青島啤酒建立了完善、全面的獎勵系統，青島啤酒將之歸納為「以薪資福利為基礎，以職業發展為動力，以情感為連結，以文化為核心」，從工作環境、培訓機制、職業發展、晉升機制、員工關愛基金等各方面，讓員工得以享受到企業發展的紅利。

在關於工作與生活的統一問題上，在關於利他與福報的關係處理中，企業及其企業文化要做的，就如青島啤酒一般，需要站在幸福的角度，充分考慮企業每個成員的客觀條件和主觀意願，透過個人溝通、企業文化、管理制度等手段，賦予每個成員「幸福驅動力」，讓企業成員可以在自我管理、自我驅動中，與企業共同進步、共同幸福。

08
實現企業使命、願景、價值觀

　　在 Google 公司，當員工申請離職想要跳槽時，他們並不會像多數公司一樣，給員工加薪承諾以留住員工。事實上，Google 並不會採取任何行為挽留要走的員工 —— 因為挽留從員工進入公司就開始實施了。在新員工進行面試時，Google 的人事主管就會明確地詢問員工：「你希望從這得到什麼？」Google 留住員工的從來不是過人的薪資水準，而是為每個員工描繪出的一道遠大願景。

　　戴爾同樣如此，他們會將員工得到的薪資與企業的使命目標相結合，以此讓所有員工認識到企業使命的重要性。戴爾經常會展開各式各樣的研討會，研討主題也豐富多彩：如何營造更輕鬆的工作氛圍？消費者的消費趨向是什麼？我們的發展方向是怎樣的？研討會的舉辦，不僅能讓員工主動為公司發展出謀劃策，還能讓每個員工將企業使命視作個人追求。

　　在一次關於「老員工為什麼會留下來」的調查中發現，即使 42% 的人事主管都認為，老員工是因為「習慣了」而不想離開；但事實上，同樣是 42% 的老員工認為，自己之所以留下來是因為「發展空間較大」。兩者的共識則在於，薪資福利已經不是留下來的主要因素。而在同樣的調查中，關於「員工最想要從工作中得到什麼」這一問題，55% 的員工選擇了發展前途，而只有 38% 的人事主管選擇了此項；相反，42% 的人事主管認為員工更想從工作中得到「更高的薪資待遇」。

　　每個職場人在考慮自身事業時，都不會僅僅因為習慣或薪資而停滯不

前，因為在社會經濟快速發展的當下，職場人也必然有一顆持續向上的心，在他們的內心深處也藏著自我實現的夢想 —— 這也就是所謂「發展空間」的內涵。

而這樣的現狀對企業而言卻是最大的利好，因為員工眼中的發展空間，其實正是企業的成長空間。只有當企業處於持續成長的狀態，員工才能獲得發展空間，而當此時，在統一價值觀的指導下，企業及其所有成員也正在逐漸實現企業描繪的使命與願景。

比如豐田將合理化建議制度稱作「創造性思考制度」。豐田內部一直以「好主意，好產品」作為其文化理念，他們相信，只有發揮全體員工的智慧，才能製造出更加物美價廉的產品，從而贏得消費者的喜愛。

豐田會定期開展員工會議，並不間斷地舉辦各種現場建議活動，為員工提供更多的建議途徑，從而達成改善公司目標的目的。員工所提的建議也會盡快被提交到管理層以及相關部門，經過稽核調查之後，對於有效的建議，豐田也會給予相應的獎勵。

企業使命、願景和價值觀的實現，必須要贏得每個企業成員的認可，否則，即使企業再主動地進行灌輸，也只會引起員工的反感。為此，企業可以從口號感染和幸福驅動兩個層面著手，建立更加完善的企業文化實現方案。

1. 以口號感染情緒

有些企業經常選擇用口號來激發員工熱情、塑造企業文化，甚至用口號來進行「洗腦」。事實上，亞洲的很多企業，尤其是銷售型企業，最熱衷的正是開晨會、喊口號的模式，但效果如何呢？

下面來看一位員工的自述：

「我不明白，一個晨會為什麼非得員工都站著開。我不明白解說員為

什麼要背對著大家，自言自語地念著課目表。我不明白為什麼要唱歌。我不明白為什麼要喊著怪異的口號。我……有很多不明白。那些歌唱，那些感恩，那些給你畫的一張張大餅，都是虛偽的。

「當看到負責人要求員工一遍遍地大聲喊著口號，我在想，震耳的吼聲與合適的職業引導，哪個能帶來業績？唱歌聲音不大？難道你沒有見過在 KTV K 歌時，人人都很賣力？在你們照搬所謂『先進經驗』的時候，你們沒有考慮是否符合企業和員工的需要？一個心裡沒有熱情的工作，和一個不合適員工工作的氛圍，只能給員工混日子的心理。」

很多企業都在使用「晨會＋口號」模式，但也應看到，雖然在部分成功企業，口號能夠提醒員工團隊的存在，幫助企業團結員工、激發鬥志。但在更多的企業裡，口號已經喊到麻木，卻仍然喊不出效率。

理想信念是奮鬥的終極目標，但要明白的是，理想很多時候並不一定會實現。但理想信念應成為企業執行的支撐力量，並以「看得見、感受得到」的口號，帶領員工走向幸福。

在企業發展中，口號不可或缺，很多企業更是會在晨會上集體高呼口號。口號也因此成為企業文化建設的關鍵手段，成為企業管理的重要方式。但口號絕不能飄在天上，在喊口號之後，企業還需要制定各種措施，引導口號實現。

當企業高呼「成為產業第一」時，在口號之外，也要切實落實「成為產業第一」的方針，讓員工看到企業確實是在向這個方向努力，而且正在不斷地接近目標。否則，員工不僅不會受到口號的激勵，還會覺得：「領導者『不切實際』，喊口號只是耽誤時間，在這麼虛偽的企業裡工作，也沒什麼意思。」

2. 以幸福驅動成長

如果說有什麼可以被當作企業全體成員的一致目標，那麼，答案必然是「幸福」。只有在「幸福」的問題上，企業才能夠與員工達成一致，否則，我們就很容易感受到來自員工的抵抗情緒。

正如前文所說，幸福的來源是多元的。使命的達成、願景的實現、價值觀的踐行，對於人們而言同樣是一種幸福。因此，企業想要贏得員工的認可，就要在企業管理中融入「幸福激勵」制度，將幸福作為重要驅動力，讓員工與企業的目標趨於一致。

（1）晉升獎勵。晉升獎勵就是公司為員工提供升遷的機會，從而達到激勵員工的效果。在這一過程中，企業則可以將企業使命、願景和價值觀融入晉升考核當中，確保每位晉升員工都是企業文化的踐行者。

需要注意的是，在晉升獎勵的實現過程中，最重要的就是規範、合理和公開。

麥當勞每個月都會舉行一次全面的業務考核，想要晉升的員工都可以藉此獲得提升機會。這項考核的內容十分全面，包括服務品質、門市清潔、工作管理、書面作業、自我管理等內容。除此之外，麥當勞還會對管理者的影響力進行全方位的考核，涵蓋對下屬、對客戶、對門市以及所提意見等各個方面。

在決定對某員工進行升遷時，該員工還需要透過一套完整的晉升流程：自我推薦、公開評價、預先設定目標、事後晤談、定期評價。在這套考核流程中，麥當勞的中心經理則是業務考核的主要考核人，其評估報告都會被公布，以確保考核流程公正性。

除了確保流程公正、標準合理之外，企業還需要為員工提供多種晉升

管道，比如以權力增長為核心的管理途徑、以技能提升為核心的技術途徑、以職能調整為核心的職位途徑等，確保企業能夠滿足員工多樣化的晉升需求。

當然，由於企業的職務是有限的，晉升獎勵必然只能滿足少部分員工的需求。因此，企業也可以適當採用非職務晉升獎勵，簡單來說，就是給予員工更高級的職稱，但在工作內容、管理層次上，不做大幅變動。

（2）榮譽獎勵。當員工在績效管理中獲得物質獎勵時，員工事實上也獲得了一次榮譽獎勵。此時，榮譽帶來的激勵效果反而更高於物質。因此，企業完全可以採取「本末倒置」的手段，將榮譽作為主要獎勵，附帶一些象徵性的物質獎勵。

具體而言，企業可以定期舉辦「先進員工」評比，並在員工大會上宣布評比結果，進行現場頒獎，授予榮譽證書、名列榮譽牆，並給予一定的物質獎勵；另外，在日常工作中，企業也要實時對員工的表現作出認可和讚賞，比如當員工在某項工作中表現優異時，由管理層向全體員工發出郵件，作出表揚，並號召其他員工學習。

（3）活動獎勵。員工除了職場需求之外，同樣擁有社交需求，但由於大量時間耗費在工作中，員工的社交需求也很難得到滿足。因此，企業可以為員工舉辦各種活動，並與企業文化相結合，將活動作為企業文化實現的重要手段。

如今，很多企業都會定期舉辦交流活動。但在實際操作中，很多企業的活動都不過是一次大型聚餐，所有員工聚在一起吃頓飯，然後就各回各家，剩下的關係較好的員工會舉辦第二場活動。這樣的活動對於企業而言，並沒有多大的團結作用。因此，在活動獎勵中，企業除了出錢之外，

更要動腦筋設計更佳的活動方案。

（4）培訓獎勵。基於企業職務的有限性，晉升獎勵的作用範圍也受到限制；而榮譽獎勵在很多員工眼中，也有些「虛」。此時，企業則可以採取培訓獎勵的方案，用成長機會來引導員工持續提升價值、創造價值。

在一個優質的企業組織中，員工必然都擁有學習成長的欲望。基於員工的這種需求，企業可以在企業文化實現方案中融入培訓獎勵方案。如果員工實現某個階段性的願景目標，就可以由企業出資幫助員工報名培訓班，讓員工擁有學習成長的管道。

09
致所有努力奮鬥的人

　　小倩是剛入職我們公司半年多的一個小女孩，別看她年齡小，在工作上她卻是個能幹的小女孩，在她的眼睛裡都是對生活的美好嚮往，在她的身上永遠充滿正能量。小倩的活力感染著身邊所有的朋友，就像一個光芒四射的獨生女一樣溫暖著身邊的一切。

　　小倩有幸結緣我司，有緣認識了她工作上的貴人 ── 她的師父莎莎老師。在莎莎老師的指引下，小倩學到了很多知識，認識了很多戰友、朋友，挑戰了很多自己原以為做不到的事情，慢慢地、一步步地提升著自己各方面的能力，在這短短的半年時光獲得了長足的成長。

　　雖然在這段時間裡，小倩也曾遇到困難、挫折，但公司的主管及各位小夥伴都給予了她無私的幫助，莎莎老師更是給予她無微不至的關心，就像一個大姐姐帶著妹妹，讓她慢慢學會獨立，長大成人。

　　小倩明白，在公司這樣的平臺上，永遠不缺努力的人，你會發現身邊所有的人都很努力。但也正是因此，在這個平臺上每個人都是平等的，都可以實現自我價值。在這裡，小倩夢想著有一天可以實現自己的夢想，成為一名優秀的管理者。在這裡的每一天，小倩都明白自己要做的事情是什麼，自己有沒有在其位、謀其事、盡其責 ── 自己離心中的夢想有沒有靠近一點。

　　人生其實如同登山，必須一步一個腳印地攀登，才能登到巔峰。在人生的旅途上，每個人都會遭受挫折，當面對挫折的時候，要勇敢地面對。

人生的每一段經歷都是成長，雖少不了坎坷曲折，但有苦才有甜。因此，真正的強者，都是堅持到最後的人。

第四章
充斥使命感：個人與企業使命的統一

　　企業存在的目的究竟是什麼？我們要為客戶提供怎樣的價值？這些都是企業使命需要解答的問題。企業使命是企業發展的內在原動力，個人使命更能催發個人的「超級能力」，只有滿懷使命感，我們才能積極主動地投入到事業當中。而在企業文化的實現中，我們不僅要回答企業使命是什麼，更要確保個人使命與企業使命的統一，使兩者相互推動，共同完成。

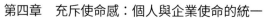

01
個人、企業、社會皆需使命感驅動

　　雖然我們總是期待使命對企業力量的強化作用，但必須明白，使命不僅作用於企業，更作用於個人與社會。因此，必須深刻理解使命對企業發展的作用，以及我們該如何獲取使命的驅動力。

　　長久以來，物質成為大多數人追求的終極目標，對個人而言可能是年薪百萬、有房有車，對企業而言則是銷售額破億、利潤千萬，對社會而言則關注各種經濟指標。於是，我們逐漸陷入激烈的社會競爭中，甚至將社會競爭看作一種零和博弈。

　　然而，人生價值的衡量尺度絕非物質的多少，而是意義與使命。如果我們每天都在為使命而奮力前行，如果我們的人生充滿意義，那又何必僅僅著眼於物質財富的多少？更何況，當我們獲得使命感的驅動力時，物質財富的到來往往也是一種必然。

　　而在對物質或其他短期目標的追逐中，我們或許會獲得一段時間的內在驅動力量，但當目標實現時，我們卻會陷入迷茫，這種驅動力量也隨之消失。

　　哈佛大學教授塔爾・班夏哈（Tal Ben-Shahar）在其著作《更快樂：哈佛最受歡迎的一堂課》（*Happier: Learn the Secrets to Daily Joy and Lasting Fulfillment*）中寫道：「16 歲那年，我在以色列全國壁球賽中奪得冠軍。那次經歷迫使我有生以來第一次認真思考了『幸福』這個主題。

　　我曾經深信勝利可以令我快樂，可以緩解我長期以來的空虛感。在長

達 5 年的訓練中，我一直感覺生命中似乎缺失了什麼……我不快樂，但至少有一條看似行得通的幸福之路，那就是我必須透過身體或心理的艱難與忍耐去贏得冠軍，透過贏得冠軍獲得成就感，而成就感一定能讓我最終獲得幸福。這就是我的幸福邏輯。

如我所願，奪冠後我欣喜若狂，那種快樂超乎了我的想像。獲勝後我與家人、朋友一起隆重地慶祝。可是就在當晚，狂歡過後我獨自回到自己的房間，坐在床上，嘗試著在睡前再回味一下那無限的快感。出人意料地，那些喜悅忽然間消失得無影無蹤。失落和空虛再次占據了我的內心。我忽然感到迷惘和恐懼，如果在如此圓滿的境況下尚不能感到幸福，我又能到何處去尋找那持久的幸福呢？」

在物質極大豐富的今天，越來越多的人開始能夠體驗這種獲得後的迷茫與空虛。看看那些漂泊在北部的年輕人，他們幾乎是最忙碌的人群，他們每天出入城市中心的上等辦公室，高月薪對他們而言只是起點，但他們卻自稱「社畜」，因為在這種光鮮亮麗的背後，其實是對未來的迷茫和對自己的否定。

近年來，使命的概念逐漸傳播開來，並對各類企業的營運管理產生重要影響，正是因為我們需要使命的驅動力來應對當今時代。

（1）企業需要找到新的、可靠的方法，為所有相關者持續創造價值，而不只是用利益驅動。

（2）企業家在事業開拓的過程中，需要更強的內在驅動力，也即深層次的個人使命感。

（3）政府希望建立以使命為導向的社會環境，如核心價值觀，從而推動國家發展、社會和諧。

（4）個人希望對其關心的人、事、物產生影響，這種希望就是個人使命。

（5）慈善機構需要圍繞其基本宗旨和運作方式為社會創造價值，以免陷入慈善腐敗的困局，這同樣需要使命來維繫。

基於上述需求，我們就應理解，無論是個人、企業還是社會，我們都有一種與生俱來的能力，那就是形成清晰的想法，並作出明智的決定，為自身所處環境創造價值和意義。而在這一過程中，使命則是一種統一的、全面的信念，它能讓個人對人、事、物產生正面影響，並使其在扮演企業人、社會人的角色時更具自信，從而在強大的內在驅動力下不斷成長。

02
個人擁有強大使命，才能推動企業願景

企業願景是企業發展的目標。然而，即使企業願景再遠大，如果企業成員只是看著眼前的一畝三分地、每月到手的薪資、計較哪怕一分鐘的「加班」，那企業願景又由誰來推進呢？

企業願景是重要的，它可以與任何事情相關，如知識分享、技術創新、改善生活、發展社會、顛覆產業，但企業願景最重要的功能就是激勵企業成員，幫助企業成員明確自己的渴望、改變自己的行為、實現自己的個人使命，進而推動企業願景的實現。

事實上，人的潛能都是無限的，個人成就的差別其實正是源於其使命是否強大。個人需要使命感的驅動，對企業而言，我們也需要藉助個人的強大使命，助推企業願景的實現。

正如提姆‧施密特（Tim Smit）所說：「人們相信伊甸園專案的願景，你也需要有一個能獲得大家認同的願景。我認為，如果你想讓他人為你的願景買單，你就必須向他們描述他們夢想到達的地方，而且要讓他們深信確實可以到達。你的願景不只是你的願景，而應該成為每個人的願景。」

我們的時間幾乎都已經被三等分，一分在休息、一分在家庭，還有一分在工作。工作是員工獲取收入的重要來源，也是員工實現個人使命的重要場合。個人在職場能獲得的不僅是物質財富，也有精神財富，而企業要做的，就是為員工打造這樣的平臺，從而激發個人強大使命。

1. 讓物質不再成為束縛

在商品經濟時代，每個人的使命都被物質所束縛，在強大的經濟壓力下，個人使命的實現通常也無從談起。因此，作為員工最重要的收入來源，企業必須建立一套完善的「以人為本」的薪資機制，充分考慮員工的物質需求，讓物質不再成為員工實現使命的束縛。

Nokia 就制定出了一套真正「以人為本」的薪資獎勵制度，讓員工感覺到企業的重視以及薪資獎勵的公平性。

（1）Nokia 開創了 IIP（Invest In People 人力投資）的管理模式，管理者每年必須與每個員工開展兩次深入的談話，談話的主要目的是評估分析該員工的工作績效和工作能力，並給予其相應建議、培訓以及調動。藉助 IIP 模式，每個員工都能在管理者的幫助下實現個人的持續成長。

（2）Nokia 引用了「Nokia 員工的平均薪資水準／產業同層次員工的平均薪資水準」的比率公式，比率越高則代表 Nokia 的薪資競爭力也就越大。透過這一計算公式，企業就能在充分認識到產業內薪資水準的基礎上，保持企業的薪資優勢，讓員工的薪資處於較高水準。

（3）Nokia 透過 KSM（重要員工管理）為重要員工提供「特殊待遇」，即按照員工評級給予相應的高比率薪資，讓員工的優秀在薪資上得到展現，除此之外，當然也包括其他一些「特殊福利」。

除此之外，Nokia 在每個國家都會結合當地的傳統習俗，為員工發放節日福利和生日福利。雖然這些現金福利通常維持在 500 到 3,000 元的較低水準，但卻能表現出 Nokia 對員工的尊重和關懷。

薪資機制並非簡單地發放薪資，相反，作為員工物質財富的主要來源，合理的薪資機制也可以發揮激勵員工成長和給予人文關懷的作用。從

物質財富的角度考慮，薪資主要滿足了員工的三大需求。

(1) 生存需求。企業薪資機制的最低要求就是滿足員工的生存需求。這也是每個城市最低薪資標準的存在意義，只有滿足最低薪資標準，員工才能正常生活，而不至於吃不飽穿不暖。

(2) 安全需求。如果薪資只夠最低的生存需求，那面對生活中的各種不確定風險，員工也難以感到安全。因此，在薪資之外，企業還需要不斷完善保險機制，透過保險、定期體檢等手段，滿足員工的安全需求。

(3) 社交和尊重需求。除了生存之外，員工同樣擁有各種社交需求，平時的聚會、電影和消費，都需要金錢作為支撐；同時，在當今社會，收入水準相當程度上決定了一個人能否受到尊重。因此，在滿足員工的社交和尊重需求方面，績效考核帶來的「超額收入」，則能夠作為必要的物質基礎。

2. 激發個人的強大使命

足夠的物質財富，是員工追求個人使命的基礎；但要激發出個人的強大使命，企業還需要從精神財富著手，關注員工的價值實現需求，讓員工在實現自我價值中發揮更強的能動性。

(1) 自我實現需求。人們都有自我實現的需求，希望能夠實現自身的價值，而非只是吃飽穿暖、過完一生。而在今天，大多數的價值實現都在職場中，因此，企業需要主動了解員工的實際能力，為其提供相匹配的職位，或是給予能力發揮的空間。另外，企業也要建立完善的培訓和晉升機制，為員工的自我實現鋪平道路。

例如，一家不鏽鋼有限公司為了幫助員工實現自我價值，採取了以創新員工的姓名命名新型操作技術的方法。早在 2004 年，該公司就正式推

出了第一個以員工姓名命名的新型操作技術 ——「點檢標記法」，該員工發明的這一標記法極大地提升了不鏽鋼的檢驗效率。在之後的短短一年間，該公司湧現出 10 餘項新的操作技術，這些新型技術發明者的姓名也隨之在產業內流傳。

（2）快樂需求。每個人都想要快樂，但枯燥的工作會帶給員工較大的工作壓力。為此，企業不僅要營造一個輕鬆、和諧、積極的工作環境，讓員工的工作壓力得到紓解；更要關注員工的個人使命，讓員工為了個人使命而工作，從而真正感受到工作的快樂。

（3）平衡需求。一般企業的工作時間雖然是 8 小時，但工作占用員工的時間卻往往遠遠不止 8 小時，如常態化的加班或不下線的通訊軟體。這也常常造成工作與家庭、休息之間的失衡，員工沒有時間陪伴家人，也沒有時間休息，對此，企業也要平衡工作時間，盡量不讓工作與家庭、休息發生衝突，甚至是主動邀請家庭成員參觀公司，或是在職場打造休息室。

3. 尊重員工需求才能激發員工使命

無論是物質財富還是精神財富，其背後的邏輯其實都是尊重員工需求。當員工的個人需求不被重視時，員工當然不會產生使命感，更加不會為企業願景而奮鬥。

在企業環境下，高層管理者占據強勢地位，雖然他們付出的資源和辛勞可能比員工更甚，但「權力越大，責任也就越大」。高層管理者要背負的，首先不是對客戶的責任，而是對企業員工的責任，只有尊重員工個人的需求，企業才能贏得員工認可，並最終實現個人使命與企業願景的平衡。

一家網路公司管理員工，採取的是讓員工自己設立目標的方法。只有

把自主權交給員工，員工才能自己作出決定，自己完成自己設立的目標，而不是被人推著往前。在這個過程中，員工被認可和尊重的需求得到滿足，他也會更有使命感。

在實踐中，員工對工作總會有各式各樣的不滿，諸如加班多、薪資少、工作單一化……但在高層管理者的重視下卻可以成為個人使命與企業願景間的「填充劑」，讓員工在追求使命的過程中，助推企業願景的實現。

03
企業擁有強大使命，才能參與競爭

　　企業發展的動力和目標到底是什麼？或者說，企業究竟為何而生？這就是企業使命需要解決的問題。

　　很多企業家仍然將答案歸納為利潤。確實，在如今這個競爭激烈的市場環境下，大多數企業都將利潤看作企業生存和發展的根本動力。然而，利潤真的就是企業發展的動力和目標嗎？

　　企業家們是否曾經有過這種感受：經過辛苦的努力，你終於實現一個重要目標，如年銷售額破億、利潤破千萬，但在經過一陣狂喜之後，這份喜悅並沒有你預想中的持久，很快又陷入迷茫；尤其是當企業發展進入瓶頸，我們的銷售額、利潤額都觸及天花板，企業的未來又在何方。

　　利潤，確實是企業生產和發展的重要動力和目標，但它並非終點。事實上，利潤的增長，也不過是實現使命的一種手段或是一種附屬產物而已。

　　伴隨著企業使命的重要性越發突顯，當市場環境日新月異、企業間競爭越發激烈，國家也開始關注可持續發展與企業的社會責任，企業家在追求利潤增長的同時也必須要關注到：企業在實現利潤的同時，如何全面提升人的生活品質，進而促進員工的全面發展？而在企業的生存和發展中，企業使命又能產生多大的效能？

　　事實上，企業使命才是企業發展的核心動力和手段。企業家必須認知到，企業發展的終極目標，必然在於企業使命的實現，在企業使命的語境

下，利潤只占很小的部分，它更多是關於人的發展以及人的需求與價值的實現，乃至社會的發展和社會責任的踐行。

2020 年 7 月，馬斯克首次超越股神巴菲特成為全球第 7 大富豪，而在短短半年之後，伴隨著特斯拉股價的飆升，馬斯克以 1,950 億美元的個人淨資產超越貝佐斯（Jeff Bezos）成為新晉全球首富。

雖然獲得了財富上的極大成功，但真正驅動馬斯克創辦特斯拉、SpaceX（太空探索技術公司）、SolarCity（太陽能公司）、The Boring Company（地下隧道公司）等眾多頂尖企業的使命，卻絕非財富。毋庸置疑，馬斯克的做事方法與發展路徑，與歷史上所有企業家都大不相同，他的終極目標跳開了商業的基本目的，直到 SpaceX 用獵鷹重型火箭將特斯拉跑車送入太空時，我們才終於認識到，馬斯克所做的一切都是在打造新時代的「諾亞方舟」，而其最終目的地則是火星。

馬斯克的所有設想看似天馬行空，他的商業布局看似毫無關聯，但細究下來卻都統一在一個邏輯裡。馬斯克確實為企業賦予了相當強大的企業使命，幾近於遙不可及的夢想，但卻切實地為人們創造了有效的實現途徑，這些實現途徑本身甚至可以產生相當的商業價值。

這就是強大使命為企業帶來的偉大力量。在更強大的使命下，企業無須局限在傳統的商業邏輯裡打轉：汽車為什麼必須是燃油的？汽車為什麼必須要儀表版？火箭怎麼就不能回收重複使用？

在使命感的驅動下，企業可以更好地參與競爭，甚至跳出傳統的競爭窠臼，在紅海市場中開闢出一片屬於自己的藍海。

企業的發展有諸多目標，但很多企業卻常常會忽視這些目標代表的含義，並將使命與任務、願景及價值觀混為一談，因而導致企業在營運過程

中對資源進行錯配，並因目標的混亂而失去市場競爭的能力。

（1）任務是企業的著力點。任務是指企業發展的著力點，是基於企業的專長形成的。簡單來說，使命回答的是為什麼的問題，那任務則解決了企業具體該如何做的問題。任務必然因企業使命的引導而產生，而非因市場、競爭或其他外部因素而生。

（2）願景是企業發展的目標。願景回答的則是關於企業未來是什麼樣的問題，它或許仍然十分遙遠，但卻是企業切實追求的目標，也是企業使命的必然要求。

（3）價值觀是企業行為的指南針。價值觀是塑造企業文化的核心內涵，解答了關於企業怎麼做的問題，企業的各種行為都是為了落實企業使命，但要讓企業成員明確自己究竟該怎麼做，尤其是當企業尚未制定明確的制度方針時，這就需要企業價值觀給出答案。

事實上，一旦企業形成強大使命並贏得員工認可，那麼，企業就將擁有自覺自發的成長力，即使管理層換屆，企業使命也將帶領企業繼續前行。

這就是強大企業使命的終極效用。當企業使命融入企業血脈，那麼，企業的發展也將不再因人而廢，無論管理層如何變動，企業也都將自發前行，秉持企業使命更好地參與到市場競爭當中。

04
個人使命是什麼，他理解的企業使命就是什麼

　　企業使命是企業競爭力的重要來源，為了充分發揮使命的助推力量，很多企業決定將使命融入績效管理當中，將使命轉化為業績，以績效助推業績，再在業績的提升中實現使命。

　　在績效管理盛行的今天，績效已經成為企業每年、每季甚至每月都要談及的重要問題。在一次次的會議上，當管理者慷慨激昂地宣布下一階段的績效計畫時，員工的熱情似乎都被點燃。但最終我們卻可能發現：年年制定的任務，無論是月度、季度或是年度任務，永遠都完不成。

　　無論是企業的發展或是使命的實現，都需要業績的支撐，業績也是企業發展目標的重要一環。為了實現業績的增長，企業通常會制定各式各樣的業績目標，採取績效管理的方法。但此時，企業大多也會忽略這樣一個問題：你想要的業績，也是員工想要的嗎？或者說，企業想要的企業使命，也是員工理解的那樣嗎？

　　以業績推動使命的邏輯當然沒錯，但企業卻忽略了一個問題，企業有企業的使命，個人也有個人的使命，在這種情況下，企業的每個成員都會根據個人使命來理解企業使命，更進一步地，每個人對企業文化的理解也都源自個人經歷。

　　某家科技公司的企業使命是「把數位世界帶入每個人、每個家庭、每個組織，建構萬物聯網的智慧世界」，而在「萬物聯網」的使命下，該公司首先關注的就是實現企業內部的「萬物聯網」，將所有企業員工凝結在一

起，秉持著企業使命共同奮進。

在現代社會，員工的團隊合作精神問題成為眾多企業的發展難題，而該公司卻大膽地採用了矩陣式管理模式，要求企業內各部門相互配合，並透過互助網路對各種問題作出快速反應。

在一般企業內，這種模式很容易暴露出它最大的弱點：多頭管理、職責不清。但在該公司內部，各部門間相互配合的效率之高卻令客戶驚嘆、讓對手心寒 —— 其從簽訂合約到實際供貨只需短短 4 天時間。

能實現這樣的效果，離不開被稱為「魔鬼培訓」的培訓體系，很多新員工甚至將這樣的培訓過程看作一次再生經歷。在這樣的培訓體系下，該公司的企業文化也深深地印刻到了每個員工的心裡。

其所有員工都必須經過培訓且合格後才能開始工作，多年來，該公司不僅建立了自己的培訓學校和培訓基地，甚至建構了線上學校為全球各地的員工提供培訓。

培訓體系主要包含 3 階段：前置培訓、在職培訓、失業培訓。

1. 前置培訓

前置培訓的對象主要是應屆畢業生，而對這些初出茅廬的新人而言，前置培訓的時間之長、內容之豐富、考評之嚴格，無異於一次「煉獄經歷」，員工不僅要學習企業文化、技術和行銷理論，甚至要進行工廠實習、市場演習和軍事訓練。

2. 在職培訓

針對市場人員，為了確證整個銷售團隊的熱情與活力，還形成了一套完全針對個人的在職培訓計畫，透過有計畫地、持續地學習充電，讓市場

人員及時了解通訊技術的新發展、市場行銷的新方法和公司銷售的新策略、企業文化的新內涵。

3. 失業培訓

即使因為種種原因，員工不再適合本職位，也會為其提供失業培訓，幫助員工強化職位所需的技能和知識，以適應職位需求。如果員工經過培訓仍然無法適應原職位，也不會放棄員工，而是為其提供新的職位及對應的技能與知識培訓，幫助他們繼續成長。

企業使命要得到企業成員的認可，就不能只是從自身需要出發，而要關注每個企業成員的個人使命。

企業使命要得到個人的理解，這其實更多關於企業使命的宣導問題，因為企業使命必須符合社會主義核心價值觀，適合社會發展、社會道德和社會責任，這樣的企業使命當然可以找到與個人使命的結合點，而關鍵則在於企業與個人的相互認同。

無論是個人使命還是企業使命的實現是一個長期的過程，並非一朝一夕即可完成，這一過程的推進需要「大家」的共同努力。為了將全體員工擰成一股繩，企業一方面要細化、明確各自的任務，讓企業的各項政策可以實現；另一方面也要激發員工的參與熱情，從員工那裡汲取決策智慧。

只有如此，企業才能真正成為一個領導者與員工和諧相處的「大家庭」。在這個「大家庭」裡，企業是遮風擋雨的港灣也是乘風破浪的帆船，管理者作為「大家長」給予成員以指導、照顧和支持，而「家庭成員」也需奮鬥努力，不斷為「大家庭」的成長貢獻力量。

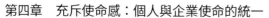

05
在企業使命中尋找個人使命

　　企業需要更強大使命才能更好地參與競爭，個人也應找到自己的使命，只有如此，我們的人生才能在更高的追求中擁有意義與快樂。但身在職場的個人，往往卻因為企業的強勢地位及其組織能力，必須服從於企業使命，這就容易導致個人與企業的對抗。而要解決這一問題，就需要企業關注員工個人使命，豐富企業使命的內涵，並幫助員工在企業使命中找到個人使命。

　　很多企業都建立了「員工關懷中心」，這一中心的核心任務就是幫助員工制定個人職業生涯規劃。在新員工進入公司時，部門主管就會與員工展開深入談話，了解員工的全面資訊，包括員工的興趣愛好、能力素養、工作背景等，並在此基礎之上，幫助員工制定出一個明確的職業發展規劃，引導員工確定自身的發展方向。

　　根據員工的發展階段，企業還會為其量身制定發展策略。這套發展策略的制定標準通常需要結合三個方面進行考量，其一是員工的個人使命，其二是職位的職責需求，其三則是企業的使命與策略。

　　只有當員工的工作具有意義和快樂，並能發揮出員工的能力優勢時，員工的個人使命才有可能實現，企業才會由此實現業績劇增，進而實現企業使命。知名企業等都對員工的關懷極為貼心。

　　為此，企業就要擔任員工實現個人使命的教練，熟練使用 MPS（Meaning 意義、Pleasure 快樂和 Strengths 優勢）方法。

1. MPS 方法 —— 尋找有意義的工作

所謂 MPS 方法，就是尋找意義、快樂和優勢的方法。顧名思義，MPS 就是幫助人們找到意義、快樂和優勢的交集，讓個人在企業使命中找到個人使命。

MPS 方法的核心就在於三個問題。

(1) 什麼對我具有意義？

(2) 什麼讓我感到快樂？

(3) 我的優勢在哪裡？

個人在為每個問題確定自己的答案，並找到其中交集後，就可以著手在企業使命中找到個人使命。

舉例而言，一個人寫下的答案如下。

(1) 什麼對我有意義？解決問題、寫作、幫助孩子成長、社會活動、音樂。

(2) 什麼讓我感到快樂？航海、烹飪、閱讀、音樂、和孩子在一起。

(3) 我的優勢在哪裡？幽默感、熱情、與孩子溝通、處理問題。

這三個答案最直觀的交集就是孩子，也就是說，與孩子相關的工作，更容易幫助他實現個人使命。但除此之外，是否還有其他交集呢？比如「解決問題＋航海＋處理問題」，那麼，海員是否也是一個途徑呢？比如「寫作＋閱讀＋處理問題」，是否能夠得出圖書編輯的答案呢？

需要注意的是，在引導員工做這個實驗時，一定要讓員工謹守本心，而不是隨意回答。因為在看到問題之初，腦海中可能會瞬間出現多個答案，但到底哪個答案才能反映出自己的內心，卻需要經過深思熟慮。

比如在回答「什麼對我具有意義」時，員工可以盡量寫下更多的答

案，回想那些讓自己感到有明確目標感的事情，並進一步反思，確定其中真正具有意義的事情。

2. 反向 MPS 方法 —— 重新分解工作的意義

然而，縱使對每個問題的回答都經過深思熟慮，但在對答案進行分析之後，關於每個員工個人使命與企業使命的結合點，我們找到的仍然不是唯一答案。

因為個人對工作的選擇是有限的，企業使命的內涵也並非無限的。人們確實有選擇工作的權利，但在多數情況下，可供選擇的選項其實並不多，如果企業使命中根本沒有符合 MPS 標準的內涵呢？此時，我們就要找到自身與職位的契合點，從而在企業使命中挖掘出個人使命。

比如醫院清潔工這樣的工作，大多數人都會覺得它既無聊也沒有意義，也不存在能力問題，也就是說，這份工作完全不符合 MPS 標準，很難談得上個人使命的問題。但換個角度想想呢？

如果醫院清潔工不能做好醫院的清潔工作，醫院是否能夠正常運轉？病人是否能夠順利康復？這難道不就是醫院清潔工的意義嗎？當醫院清潔工與其他員工或是病患溝通交流時，是否能夠獲得一些醫學知識？或是聽到一些趣聞呢？這樣的溝通不也是快樂的嗎？

正是因為找到了工作的快樂和意義，人們才能找到自身的價值，並將個人使命與企業使命相統一，避免陷入幸福難尋的困境。要知道，幸福並不取決於擁有什麼，而是取決於我們用怎樣的視角看待生活。

正如愛默生（Ralph Emerson）所說：「對於不同的頭腦，同一個世界，可以是地獄，也可以是天堂。」我們選擇的注意點是什麼，往往就決定了我們對工作的享受程度；我們能從企業使命中挖掘到怎樣的個人使命，往

往也決定了我們工作中獲取的成就。

因此，在學會 MPS 方法之後，我們完全可以反向運用 MPS 方法，藉助 MPS 方法對工作進行分解：這份工作的意義在哪？怎麼做這份工作能夠讓我快樂？

我的能力在這份工作中能夠如何發揮？企業使命是什麼？與我的追求是否有重疊？

員工完全可以藉助 MPS 方法主動塑造自己的工作。在列出自己的 MPS 清單之後，員工可以進一步作出一份「工作描述」，詳細描述出自己的日常活動，在相互比較中，詢問自己兩個問題。

（1）你是否能改變這些例行內容，增加一些具有意義和快樂的工作？

（2）在不作任何改變的前提下，你能夠挖掘出工作背後潛藏的意義和快樂嗎？

在找到答案之後，員工就可以把「工作描述」改變為「使命描述」，對那份枯燥乏味的日常活動清單進行改寫，賦予它們更多的意義和快樂。

哈姆雷特說：「事情沒有好壞之分，只是取決於你如何看待。」現實在大多數情況下都是如此，員工如果能夠運用 MPS 方法看待自己的工作，就能找到其中的意義和快樂。

當然，在現實生活中，往往也存在這樣的情況：員工無論換了多少個角度看待自己的工作，都無法找到其中的快樂或意義；工作確實被改造得具有快樂和意義，但因為管理者的專制或是工作氛圍的惡化，個人使命的實現也不具可能。如果真的遇到這樣的情況，那麼，員工就要勇於向上級回饋與交流，即使無法改變，為了個人使命的實現和自我價值的創造，擺在我們面前的選擇也無非是輪調、離職而已。

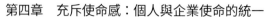

06
在實現個人使命時完成企業使命

很多企業的使命都十分遠大，總是關注社會、世界、未來這樣的宏大命題。

但企業終究是由千百個體組成，脫離員工基礎的企業使命就如無源之水，難以在市場競爭中綻放色彩。

企業使命是所有成員個人使命的集合，這不僅是企業使命的本質，也是企業獲取使命助推力的根本方式。員工需要在企業使命中找到個人使命，企業也要在實現個人使命時完成企業使命，只有當雙方使命統一時，才能成為對方的助推力。

1. 建構和諧幸福企業

企業的最終願景必然包含建構和諧幸福的企業，和諧幸福的實質是指在和諧的企業氛圍下，透過滿足企業成員（包括員工和管理者）不斷成長和自我實現的需求，提升企業成員及企業的幸福感，實現各方使命。

正如塔爾所說：「如果能夠增加員工的幸福感，哪怕就是增加 1%，企業一定會提高勞動生產率，能夠提高創新能力。員工的工作滿意度增加，意味著員工的忠誠度和奉獻精神在增加，員工只要更幸福，就一定是一支更有能量和力量的團隊。」

和諧幸福企業倡導的就是「以人為本」，關注和重視企業成員自我滿足的需求，讓企業成員在獲得富足物質生活的同時，也能夠實現幸福人生。因此，在和諧幸福企業中，企業和管理者及員工之間不再是簡單的勞

動契約關係，而是一種相互依存、自利利他的心理契約關係。

具體而言，從建構和諧幸福企業的角度出發，我們就要抓住以下五大要點。

(1) 以人為本的文化。在幸福企業中，當企業遵循以人為本的原則時，企業、管理者和員工之間就能相互依存、和諧發展、相互信任和互相尊重，最終形成一種開放高效的企業文化。

(2) 良好的工作環境。提供良好的辦公環境是企業營運的基本前提，但在使命實現的語境下，良好環境不只是良好的休息、餐飲等設施，也包括合適的辦公桌椅、辦公空間等，讓員工可以在良好的工作環境下盡情投入工作。

(3) 和諧的工作氛圍。基於統一的核心價值觀，企業應盡力營造和諧的工作氛圍，讓企業成員感受到工作的意義，並專注在工作本身，從而激發出更強的工作熱情和創造潛力。

(4) 工作與生活的平衡。工作與生活不應被明確隔離，這並不意味著工作要無節制地侵占員工生活時間，而應合理安排工作時間，盡量避免加班，經常舉辦各種企業活動，並鼓勵企業成員家屬參加。

(5) 發展的機會和平臺。企業成員都需要發展的機會和平臺，實現自身的成長和進步，因此，企業應鼓勵員工發揮特長，併為其提供充分的培訓機會。

2. 分享使命的實現成果

企業的業績增長、使命實現，都需要企業、員工和管理者的共同努力。然而，當真正創造獲得一定成果後，企業、員工和管理者之間又是否能夠共享呢？

如果大家的利益本就衝突，或企業、管理者獨占使命成果，那必將造成個人使命與企業使命的「雙輸」。

如今，很多員工之所以對績效考核「不買單」，正是因為在他們看來，他們創造的價值與得到的回報完全不成正比。畢竟，如果員工一年創造了一百萬元的收益，卻只能到一兩萬元的獎勵，那大概沒有員工會接受；當員工的個人使命無法由此實現，企業使命當然也就無從談起。

因此，想要企業「大家庭」的目標協調一致，企業就要遵循共創共享的原則，讓員工與企業和管理者真正站在一條船上。

沃爾瑪（Walmart）每個年資超過一年且每年工時超過 1,000 小時的員工，都能參與到沃爾瑪的利潤分享計畫中。所謂利潤分享計畫，就是根據沃爾瑪當年實現的利潤總額，按照員工薪資的一定百分比，進行員工分紅計提。這份分紅會被保留到員工離職或退休，屆時，員工可以選擇以現金或股票形式提取分紅。

這份利潤分享計畫從 1971 年就開始實施，當時的計提比例雖然只有6%，但在計畫實施的第二年，沃爾瑪就與 128 位員工分享了總值 17.2 萬美元的利潤額。

員工的分紅增長了，自然願意更積極地工作，員工服務品質也隨之提高，消費者就更加願意到沃爾瑪消費。

由於沃爾瑪一直保持高速的發展態勢，員工都選擇了將這些分紅用於購買沃爾瑪的股票。這就意味著，在利潤分享計畫中，沃爾瑪無須拿出過多的流動資金，而為了自身利益，員工則更加願意透過自身努力推動沃爾瑪股價的增長。

在利潤分享計畫大獲成功後，沃爾瑪又針對商品短缺問題，推出了

成本分享計畫。每個超市都會遇到商品短缺問題，這裡的短缺並不是指供貨不足，而是指商品的失竊，由於消費者的偷竊或者是員工的「監守自盜」，超市每年都有一筆數額可觀的損失。

為了有效地解決商品短缺問題，沃爾瑪就提出了減少商品短缺的成本分享計畫，每個分店因為減少商品失竊而節約下來的成本，都會被分享給該店員工。這樣，公司的利益再次與員工的利益合而為一，員工都積極地對商品進行監督，沃爾瑪就這樣擁有了產業內的最低商品失竊率。

企業想要讓員工個人使命助推企業使命，就必須要實現員工與企業的利益共享，只有如此，才能讓員工產生「主角」意識。否則，企業對員工而言永遠只是僱傭者而已，員工的內心想法也會停留在：「錢又不是我的，企業賺了也不會多分我多少，虧了也不會少了我的錢，真要倒了，我大不了換一家。」

3. 警惕「烏托邦」陷阱

企業家的目標應是建立和諧幸福的企業，但企業家也不能就此忽視利潤的重要性，或陷入「烏托邦」陷阱，使企業失去增長活力。

無論如何，利潤仍是企業營運的直接目的和持續發展的必要手段，同時，物質基礎也是企業成員追求使命的重要支撐。

因此，當談及和諧幸福企業或企業使命時，很多企業家或許會疑惑：企業究竟應該將企業使命融入績效考核中，追求更大的經濟效益？還是以人為本，將企業員工的個人使命作為企業追求的目標？或是專注那些宏大命題，以世界和平、萬物平等為己任？

正是因為這種疑惑，有些企業甚至會在走向極端，將遠大的企業使命當作企業主要營運目標，而忽視了企業存續的必要基礎，最終打造出類似

「烏托邦」的企業。

在 1980 年代，美國冰淇淋企業 Ben&Jerry's 就以社會責任著稱，企業不僅關懷社會弱勢團體、關注世界環境保護，主動承擔各種社會責任，而且將員工利益放在首位，甚至為此推行「5：1」的薪資制度，即最高薪資不得超過最低薪資的 5 倍。如此一來，這家企業的員工確實都很幸福，但執掌企業的 CEO 卻很痛苦，因為他們的薪資總是遠低於同行水準。企業 CEO 不斷更換的結果就是，該企業最終因經營不善被聯合利華收購。

無論是追求怎樣的使命，或是肩負怎樣的責任，我們都應明白，企業營運不是打造「烏托邦」，如果沒有足夠的利潤作為支撐，企業甚至難以維持自身的生存，更不要說在企業內做到以人為本並實現員工使命乃至那些宏大命題了。而在實現員工個人使命的過程中，企業要作的並非直接給予支持，而是藉助使命的助推力，引導員工在自我管理中實現成長，並助推企業使命的實現。

企業使命是每個企業都應明確堅持的動力和目標。然而，這個目標的實現，絕非依靠企業或管理者單方面即可實現，而是需要所有成員的共同努力。因此，要在實現個人使命時完成企業使命，企業就要用願景描繪企業征程、用幸福統一各方訴求、用共享建立共同利益，最終引領所有成員共同成長。

07
個人使命與企業使命的統一

我司培訓集團透過實效經營管理課程、實現諮商輔導系統、產業資本助推等服務體系，幫助企業實現轉型更新，全力打造成為中小微企業首選商業管理學院。

作為企業培訓產業的知名品牌，我司擁有豐富的資源與實戰經驗優勢，而在關於個人使命與企業使命的統一問題上，也有其獨特技巧。

在我司看來，使命的一個重要作用就是為組織帶來身分認同：「這的確是一份偉大的事業，我們深信不疑。」具體而言，身分認同的作用展現在三個方面。

(1) 使員工感到特殊性，並為此而驕傲。

(2) 增強員工自尊感，以及社會責任感。

(3) 使員工形成自信，相信這份事業將為他帶來成功。

個人使命與企業使命的統一，就是要讓企業使命包含個人使命，並讓個人因企業使命的偉大而驕傲。因此，我司提出了一句擲地有聲的宣言：「為什麼別人認為你的事業不偉大，是因為我們自己覺得不偉大；為什麼別人不覺得你的事業驕傲，是因為你自己不驕傲！」

在個人使命與企業使命的統一中，我司也確定了明確的流程和實現方案。

1. 企業使命的制定流程與方法

　　企業使命必須得到企業成員的認可，並包含企業成員的個人使命，確保個人可以在企業使命中找到個人使命，企業也要讓個人使命的實現成為企業使命的助推力。因此，企業使命的制定就需要經過深思熟慮。

　　（1）確定使命制定人。很多企業會邀請企業文化工作者幫助制定企業使命，甚至有的企業直接照抄其他企業的使命內容。但這樣制定出來的使命既無法完全匹配企業需求，也難以得到員工認可。

　　在制定企業使命時，企業必須明確一個基本原則：由對企業負最終責任的人擔任使命制定者。這不僅是因為其本身負有最終責任，更是因為他才能真正結合企業情況詮釋企業使命，而企業文化工作者則只能作為專家提供技術支援。

　　（2）刨根問底挖掘使命。為了挖掘出潛藏的企業使命，企業可以採取刨根問底的方法，透過一連串的「為什麼」，找到企業使命的真正內涵。為此，企業可以先描述一個產品或服務，然後刨根問底找到該產品或服務肩負的使命；再描述另一個產品或服務……在這樣的重複中，使企業使命逐漸清晰。

2. 企業使命的實現應用

　　為了強化企業使命的效果，激發員工的工作熱情，我司主要透過以下幾種方式進行企業使命的實現應用。

　　（1）創始人宣講。創始人講述自己的初心、經歷，讓員工了解企業為何而來、向哪前行，以及其中的原因和背後的邏輯。

　　（2）高層宣講。高層主管針對創始人的宣講講述自己的想法，站在同行者的角度支持創始人，從而營造相應的氛圍，引起情緒感染。

（3）福利待遇。物質是個人使命的基礎要求，企業必須確保相應的福利待遇，或將之與使命相掛鉤，從而形成直接的激勵效果。

（4）參與社會公益活動。無論是個人使命還是企業使命，都需要在與他人、社會的互動中不斷強化、形成認同，因此，企業應組織員工主動參與社會公益活動。

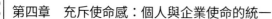

——— 08 ———
種下冠軍的種子

　　鈺玲在我司有幾個獨特的稱號 ——「鈺玲老師」、「能量女神」、「知心姐姐」，1990 年出生的她總是能夠贏得客戶和夥伴的認可，而在這背後，則是持續的學習與成長。

　　鈺玲說，在公司這 5 年裡，她最不後悔的一件事，就是選擇了公司。在這裡，她的各種能力，如溝通能力、演說能力、學習能力、銷售能力等得到鍛鍊和提升。

　　從一名銷售新人，慢慢成長為總監、輔導老師，直到如今成為分公司的營運副總，鈺玲這一路走來從未間斷學習。在公司，讓她印象最深刻的就是 2018 年 9 月，當時，由於個人私事，鈺玲請假了幾個月，但是當她回來時，卻有一位新同事因為剛拿下月度銷冠表現得十分得意。雖然鈺玲向同事表示了恭喜，但她卻暗下決心：「下個月我一定要當冠軍，超越你。」

　　鈺玲本就對榮譽十分看重，而且公司當時還做了「獎車計畫」，這就給了她更強的動力 —— 她本在 2018 年初就計劃買一輛 80 萬元左右的車。獎勵計畫一經推出，鈺玲第一時間就去看了車，並和心愛的車拍了合照 —— 她認定了這個獎勵。

　　鈺玲知道，自己要對自己吹過的牛負責，自己要捍衛自己的目標。為此，鈺玲把目標做了具體分解，比如要開發多少新客戶、服務多少老客

戶，如何讓客戶作更新、作轉介紹。如此一來，鈺玲的目標變得特別清晰，而接下來要作的就是執行而已。

鈺玲至今仍記得那個月，她獨自一人坐高鐵，只為去幫一個支持她的老客戶做招商會。在活動現場，鈺玲忙前忙後，幫他們簽到、接待客戶、服務客戶，最終招商會圓滿成功。而作為回饋，這位老客戶又幫鈺玲介紹了兩位客戶，經過後續不斷跟進，這兩位客戶也都參加了公司的培訓課程，一個是加入核心圈，一個加入了策略合夥人。總之，一切的付出都是值得的。

當時，還有一位鈺玲成交過的客戶，為了贏得她的轉介紹，鈺玲陪她一起參加課程，陪她一起走了夜行軍，在 4 萬多公尺的行進中，鈺玲最終與她建立了親密的感情，兩人幾乎是一路攙扶走到終點，在那一刻她們就是最親的人。

像這樣的故事還有很多很多，在捍衛目標的路上，鈺玲從來沒有停止過。

也正是因此，自 2018 年 9 月回到公司之後，鈺玲連續三個月分別實現 44 萬元、60 多萬元、87 萬元的個人業績，最終成為集團的個人冠軍。

為什麼鈺玲總能夠創造這樣的成績？正是因為在前行之初，鈺玲為自己定下了前進的目標、為自己種下了冠軍的種子。正如鈺玲常常提到的：當你下定決心要去做這件事，你就一定可以；只要你足夠努力，老天都會助推你。而當你獲得了這一切，也要時刻懷有一顆感恩的心，感恩身邊的每一個人。

第五章
企業文化與制度的有效實現

　　每個企業都有一個軟肋，一觸即痛，那就是企業文化；每個企業也都有其筋骨，動輒傷筋動骨，那就是企業制度。當千百人聚集在一個企業，形成一個組織，我們究竟該如何凝聚團隊、統一思想、協同進步？只有一個答案 —— 優秀的企業文化。而企業文化要實現，就必須要以制度為先，文化要軟、制度要硬，正如再堅忍的精神也需要一個強健的體魄，只有當兩者結合在一起，企業才能建構起一個「有血有肉」的整體。

01
制度先行，文化才能實現

長期以來，很多企業之所以忽視企業文化的建設，正是因為企業文化本就是一個較為抽象的概念，是企業在發展過程中形成的一套理念和規範。它看不見摸不到，卻又是組織內約定俗成的；它可能沒有明確的文字闡述，但卻是企業員工共同認同和遵守的。

無數企業都將「以人為本」、「客戶至上」作為企業文化，但究竟該如何以人為本、怎樣客戶至上，企業有哪些政策支持、有哪些措施保障，又有哪些規範約束？企業文化的實現，必然需要企業制度的配合，否則，企業文化會成為一句空話、套話。

與之相對地，企業制度則是一個相對具象的概念，白紙黑字的規章制度、行為準則，是一種看得見摸得著的管理辦法。當企業能夠藉助相對完善的制度長期規範員工的行為時，員工就會逐漸形成相應的行為習慣，最終這種習慣也將內化為員工的自我約束，在美國杜邦公司（DuPont de Nemours, Inc.）眾多榮譽中，「全球最安全的企業」顯得十分特別，而這其實源自杜邦從文化到制度上對安全的重視。杜邦公司認為，「工作中有很多消極因素都只能弱化而不能避免，但安全事故則不同，它是完全可以避免的」。

在杜邦的生產工廠裡，我們可以看到各種安全提示：「請勿吸菸」、「請勿奔跑」、「進入工廠必須佩戴安全防護用品」……杜邦還鼓勵員工發現安全問題並提出建議，一旦建議被採納，企業就會給予相應獎勵。

杜邦每週都會召開一次員工安全會議，其主旨就是找出工作和生活中可能存在的安全問題，並交流其解決方法。在公司的安全規定中，甚至還有一條「駕駛請使用安全帶」，以幫助員工從日常生活開始養成安全習慣。

杜邦每年都會對分公司頒發「安全獎」，而要得到這一獎項就需要確保公司每年安全事故發生數為零！其中，杜邦亞洲分公司從 1986 年成立至今，已經獲得了 23 次「安全獎」。

一位杜邦分公司的員工就曾評價道：「剛畢業的時候經常跳槽，工作換來換去的。杜邦是我進入的第一家知名企業，我卻已經在這裡工作快 6 年了，這都是因為杜邦安全的工作環境，杜邦是真正地關心員工，而且考慮到了各種細節。現在我每次過馬路都比以前注意很多，也不會選擇在餐廳二樓看風景而是坐在一樓靠門的地方。我妻子就說我自從進了杜邦，越來越沒膽了，其實我只是更注意安全了。」

很多企業管理員工的手段，一靠領導者威權，二靠企業制度，但在企業管理中發揮作用最強的其實是企業文化。雖然潤物無聲，但企業文化的影響卻深遠且持久。

在企業營運中，軟性的企業文化確實可以搶占心智、引導思想，但我們卻需要硬性的手段先將文化傳播出去，這就是制度先行的必要性。

企業制度具有規範行為、激勵團隊的作用，當員工尚未理解或認可企業文化時，強硬的企業制度，能夠透過約束員工行為，避免員工破壞企業文化，久而久之，在踐行企業制度、感受企業文化的過程中，員工也會逐漸認可企業文化。

與稻盛和夫並稱為「經營之神」的松下幸之助創造了許多先進的管理制度，而其中最負盛名的則是松下的「21 條鐵律」，它不僅讓松下得以位

列世界 500 強，更培育了員工的忠誠度和責任感，我們可以從中感受制度與文化的關聯性。

（1）我們要告訴員工其職位在公司中所處的層級，並針對員工的工作表現，定期對其進行評估。

（2）員工獲得了怎樣的成就，我們就給予其怎樣的獎勵。

（3）當公司制度發生變動時，我們應事先進行公告。

（4）制定與員工相關的決策或計畫時，我們需要邀請相關員工一起探討。

（5）要贏得員工的信任和忠誠，我們首先要信任員工。

（6）積極與員工進行溝通交流，了解員工的興趣愛好、工作習慣、忌諱等訊息。

（7）員工提出建議時，我們要善於傾聽。

（8）當員工在工作中明顯表現異常時，我們應主動地去了解原因。

（9）我們要主動地讓員工知道自己的想法，但注意語氣要委婉。

（10）當我們對員工作出要求時，要告知員工這樣做的原因。

（11）如果我們的工作出現失誤，要及時承認並致歉。

（12）告訴員工，他們對於公司十分重要，公司十分重視員工。

（13）當我們對員工進行批評時，要說明理由並提出改進的方法。

（14）在我們批評員工之前，先指出員工的優點，說明自己的批評是為了幫助其更好地發揮。

（15）以身作則。

（16）言行一致。

（17）告訴員工，公司為他們感到驕傲和自豪。

（18）當員工表現出不滿時，找出原因並解決。

（19）對於有不滿情緒的員工，要盡快安撫，以防情緒感染。

（20）為員工制定長期目標和短期目標。

（21）對員工表示支持，說明與權利相應的義務。

02
實現企業文化的四項工作

　　企業文化的重要性已經無須贅述，企業文化建設也已成為很多企業的重要工作，但表面上看，這些企業的企業文化建設工作雖然形式多樣、內容紛呈，實際上能夠發揮的效用卻十分有限。這主要是因為，企業的實際經營與企業文化相脫節，企業文化只是「掛在牆上，說在嘴裡」，卻沒有印在心裡、落在行動。

　　為此，企業在提煉企業文化內涵的同時，更要明確企業文化實現要做好的各項工作，真正將企業文化內化於心，使全體企業成員達到知行合一的境界。

1. 企業文化實現六步走

　　一般而言，企業要真正讓企業文化實現生根，發揮其推動企業發展的效用，就需要分為六個步驟不斷推進，如圖 5-1 所示。

　　（1）組織和啟動。一旦企業確定了企業文化的理念體系，企業就應制定出企業文化建設的中長期規劃，並細化為完整的時間表。為了確保各項工作的有序推進，企業還可以設定專門的組織機構和職位對此進行管理。企業還可以舉辦文化啟動儀式，以此表達企業的重視，並鼓舞士氣、統一思想。

　　（2）制定行為規範。企業文化要落實，企業全體成員就應遵循企業文化約束自身行為，讓企業文化在行為中展現，為此，企業需要制定員工行為規範、服務規範、生產規範等各項規範措施。

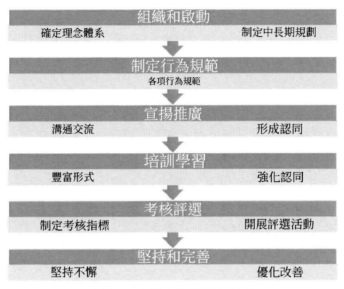

圖 5-1　企業文化實現六步走

　　（3）宣揚推廣。企業需要透過各個溝通管道對企業文化進行宣傳和闡釋，確保企業文化得到員工的了解，明確關於企業文化的為什麼、是什麼、怎麼做等問題，從而贏得員工認同。同時，企業也要有意識地對外宣揚企業文化，贏得公眾和客戶的認可。

　　（4）培訓學習。培訓學習的目的，則是進一步贏得員工的心理認同，將優秀的文化理念落到紙上，成為企業上下可以執行的標準；並將企業文化融入各類培訓學習中，透過各種非語言的儀式和活動，使企業文化的傳播成為日常性工作。

　　（5）考核評選。無論是行為規範，還是宣傳、培訓，都無法確保員工切實按照理念執行。為此，企業可以將企業文化相關內容融入考核當中，比如設定弄虛作假的考核指標，以強化誠信經營的企業文化；也可以開展各種與企業文化相關的評選活動，比如企業文化演講、榜樣評選等。

（6）堅持和完善。企業文化的實現，需要堅持不懈地推進，並融入企業日常工作的細節中。企業管理者需要以身作則，並在企業營運中主動發現可以改善的細節，經過討論決策後，優化企業文化的實現方案。

2. 企業文化實現的四項工作

基於企業文化實現的六個步驟，在實際操作中，企業要關注的其實是四項重點工作。

（1）宣講培訓。宣講培訓是宣傳企業文化，並使之融入企業成員內心的重要工作。在宣講培訓中，企業需要注意以下四個要點。

①讓培訓成為一種習慣。

②培訓系統化。

③讓培訓成為一種投資。

④盡量由創始人及高層管理者編寫培訓教材。

（2）視覺化方式。將企業文化以視覺化的方式呈現出來，可以有效營造企業文化氛圍。對此，企業可以從兩個層面著手進行。

①透過員工的服裝、VI（Visual Identity 視覺識別）、牆上標語等展現出來。

②視覺化可以藉助自身網站、多媒體、廣播、報紙、內刊、企業文化手冊、海報、布告欄等載體，也可以透過攝影、繪畫、書法、漫畫、演講、企業之歌（司歌）等形式。

（3）企業制度。企業制度是員工行為規範的集中展現，也是企業文化實現的前提。如果沒有制度作為規範，企業文化就很難落到實處。企業制度本就是企業營運必不可少的一部分，但在企業文化的實現過程中，很多

企業的制度卻未能與企業文化相融合，甚至未能得到員工認可，所謂企業制度也淪落為一紙空文。

（4）召開會議。會議是企業員工溝通交流的重要平臺，也是企業文化實現的重要工具。從企業文化實現的各個流程來看，企業都可以採取會議這一形式強化效果，在面對面的直接溝通中，讓員工感受企業文化的啟動、宣傳、發展及實現，見證企業文化榜樣的誕生，或在其他各類會議中感悟企業文化的點點滴滴。

上述四項工作都是企業文化實現的關鍵工作，其實也是企業營運管理的重要環節。但在很多企業的實際營運過程中，這四項工作不僅未能幫助企業實現企業文化實現，反而成為企業協同運作的阻礙，甚至引起員工的反感、牴觸、對抗。對此，企業必須掌握有效方法、規避管理失誤，真正使企業文化實現。

03
透過宣講培訓實現企業文化

1990 年代，史丹佛大學展開了一場心理干預實驗，該實驗也影響著一代代的企業文化建設理論。

在當時的那場實驗中，主辦方招募了一群學生參與實驗，其心理干預措施十分簡單，就是要求學生在寒假中寫「日記」。實驗將學生分為兩組。

（1）價值組，要求學生寫出他們最認可的價值觀，並記錄下日常生活中與這些價值觀的連繫。

（2）對照組，這些學生只需記錄下生活中發生的一些好事即可。

一個寒假過去之後，主辦方收集了學生的紀錄並逐一訪談。結果發現：價值組的學生不僅身體更健康，而且精神狀態也更好，在返校之後，他們對於自身的能力擁有更多的自信。

在進一步研究之後，主辦方確認：關於價值觀的寫作，或者說重複灌輸，能夠讓人明確生活的意義，更加積極向上。

自此之後，更多的類似研究接踵而來，結果都證實了：短期內的價值觀灌輸，能夠讓人感覺更有力量，擁有掌控感、自豪和強大的感覺；長久以往，它對於人們的事業成就、身體健康、人際關係、心理韌性，都具有正面影響。

這一實踐證明了理念灌輸的重要性，而宣講培訓則是企業向員工灌輸理念的常用手段，在持續的宣講培訓中，完成企業文化的實現。

然而，在關於如何透過宣講培訓實現企業文化的問題上，很多企業卻

陷入了失誤，那就是頻繁地以企業文化為主題開展宣講培訓活動，比如邀請外部講師或內部主管幫大家「念 PPT」。這樣的宣講培訓不僅難以吸引員工興趣，反而會使企業文化顯得枯燥乏味。

企業如果想讓宣講培訓成為一種習慣、一種投資，就要真正關注宣講培訓的系統性，透過更加全面的培訓過程，幫助員工在培訓中形成更高的綜合素養，進而推動企業文化的有效實現。

正是基於這一認知，松下幸之助將企業的經營策略定義為：「集中全體員工智慧去經營。」並在企業發展的同時，建立了多個研修所，為員工提供多樣的培訓講座，從而為員工提供長期的學習機會。僅在日本一地，松下就建立了關西地區職工研修所、奈良職工研修所、東京職工研修所、宇都宮職工研修所等四個研修所，在海外市場，其研修基地更是數不勝數。

松下在應徵新員工時，並不是只關注對方的工作經驗、工作能力，而是更關注新員工的學習態度。因此，每個進入松下的新員工都會接受長達八個月的實習培訓，透過將培訓與實踐以及企業文化高度結合，讓員工在工作中學習、在學習中成長，並真正融入企業的文化氛圍。

我們在透過宣講培訓實現企業文化時，也可以借鑑松下的這五個關鍵點。

（1）注重人格的培養。松下認為，人格是員工最值得關注的品質，如果缺乏人格的培養，企業就會陷入一種「本位主義」的發展軌道，「一切向錢看」，而不注重商業道德、社會責任。這樣，企業即使取得了一時的發展，也會被市場所淘汰。

（2）注重員工的精神培訓。相比於技能培訓，精神培訓更被松下所重

視，團隊精神、奉獻精神、進取精神等都是松下培訓學習的重要組成部分。這就要求企業在培訓過程中，持續地向員工傳達企業的品牌文化、社會使命和願景目標。

（3）傳達企業的價值觀。松下的價值觀十分明確，且對企業發展發揮了重要的方向性指導作用。在對新員工的培訓過程中，松下也會讓員工了解並接受企業的價值觀。因為，如果缺乏價值觀的指導，員工就無法很好地凝聚在一起，企業文化就無法形成，企業成員也不可能團結起來為企業發展貢獻智慧。

（4）培養員工對細節的關注。很多員工在工作中表現出一種「不拘小節」的「君子作風」，但在當下如此激烈的競爭環境中，任何一個小小的差錯，都可能使企業走向衰敗。企業文化的實現也同樣如此，任何一個細節的疏漏，都可能影響員工對企業文化的認可，甚至使企業文化建設滿盤皆輸。因此，培養員工對細節的關注就顯得尤為重要。

（5）培養員工的競爭意識。有比較才有進步，有獎懲才有落實。在宣講培訓中，企業也要注意培養員工的競爭意識，一方面增強宣講培訓的效果，讓員工在培訓中仔細聆聽、思考和交流，另一方面也是激勵員工挖掘自身工作潛能，同時也可形成對其他員工的監督。

04
如何透過視覺化方式實現企業文化

進入 21 世紀以來，越來越多的企業開始啟用新的視覺形象系統，更換新的商標或 Logo，這正是因為視覺形象在市場競爭中的作用越發重要。

心理學研究顯示，人們在接受外界資訊時，視覺接受的資訊量占全部資訊量的 83%，聽覺則只占 11%。尤其是在資訊大爆炸的當下，人們已經很難靜下心來讀文字、聽音訊來獲取資訊，而一幅更具衝擊力的圖片卻可以向人們傳遞更多訊息，並迅速搶占使用者心智。

在企業文化的實現過程中，視覺化的方式是必不可少的環節。但作為一種新興方式，很多企業都尚未掌握有效的視覺化方式，盲目地更改視覺形象，反而引起反效果。

某水餃的新 Logo 不僅損害了品牌原本的親民形象，當「大媽」變成「大姐」，這一品牌也就變得不倫不類，最終導致這一傳統品牌走向失敗。

這種謬誤在企業的視覺化中比比皆是，因為視覺化其實涉及企業營運的各方面以及每個細節，大到企業招牌、宣傳海報，小到企業 Logo、名片，當企業決定採取視覺化方式時，就要充分用好視覺形象，避免弄巧成拙。

1. 視覺化的基本原則

每個企業的視覺形象各有不同，但無論如何設計，我們都要遵循視覺化的基本原則。

（1）企業理念、精神的象徵。視覺設計是企業理念和精神的外部形象，更是企業文化實現的重要工具，因此，企業在設計視覺形象時，首先就要考慮到企業文化的各項要素，避免視覺形象與企業文化產生衝突。

（2）符合企業願景，可長期使用。視覺形象是傳播企業文化的重要依據，也是員工、客戶和公眾認識品牌的重要載體，因此，企業的視覺設計就必須符合企業願景，確保視覺形象可以長期使用，避免頻繁地更改損害企業的原有形象。在這樣的設計原則下，即使今後的時代審美出現變化，企業也只需對視覺形象進行微調即可。

（3）易於辨識、有美感。要搶占使用者心智，贏得員工認可，企業的視覺形象就必須易於辨識，且具有美感。否則，低俗的形象設計只會傳達低俗的企業文化，傳遞負面的文化訊號。

（4）獨立設計、避免雷同。企業的視覺形象設計是一個系統性的工程，涉及企業的各方面，因此，很多企業會直接照搬其他企業的設計成果。但如此得來的視覺形象不僅無法貼合企業文化，反而可能引發版權糾紛。

2. 視覺化的系統應用

透過視覺化方式落實企業文化是一個系統性的工程，因此，企業也要關注視覺化的主要應用場景，並對其進行系統性的規劃和設計。一般而言，視覺化的應用場景主要包含以下幾個部分。

（1）導視系統。導視部分是指企業內的各種引導標誌，如歡迎牌、企業標牌、建築指示牌、道路行車指示牌、門牌等。

（2）宣傳系統。宣傳系統是指企業用於品牌、產品宣傳的各類物料，如霓虹燈、閱讀欄、廣告牌、海報、報刊等。

（3）辦公系統。辦公系統是指企業辦公環境下常用的各類物料，如信封、信紙、便箋、筆記本、工作證以及電子檔案的格式、模版等。

（4）包裝系統。包裝系統不僅是指對產品的包裝，也包含對員工的包裝，即員工制服、工作牌等。

（5）禮品系統。禮品系統是指企業用於餽贈的各類物料，如贈品、手提袋、衣服、桌曆、掛曆等。

05
如何透過企業制度固化企業文化

　　制度是企業文化實現的必要保障。企業想要透過制度固化企業文化，這就需要企業盡量作到七分文治、三分法治，制度要好、執行要嚴。

　　但在企業制度的推行過程中，企業卻總會遭遇各式各樣的阻礙，如果要解決這些阻礙，我們不妨從制度管理最常遇到的三句話著手。

1. 「誰說的」

　　企業中究竟誰說了算，理論上來說當然是制度。企業營運中的任何行為都應以制度為依據，如果缺乏相關制度，則由管理層按照制度規範進行臨時決策。

　　然而，大多數企業卻並非如此，員工看主管臉色行事已經成為管理，制度成為一種「原則上」的檔案，至於究竟是否要按制度行事，則全憑主管意思。

　　這樣的制度最終名存實亡，所謂制度也將成為一紙空文，既無法規範員工行為，也會讓企業營運陷入困境。

　　如今，很多員工在聽到什麼要求或通知時，最先關注的並非內容，而是話是「誰說的」。即使是同樣一段通知，分別從老闆、主管、組長、普通員工、新員工等不同角色口中說出，員工的反應也將有所不同，有時甚至天差地別。

　　很多基層管理者大概都遇到過這樣的情況，當自己推出某項新規定想

讓員工執行時，必須得向上級「請旨」才行。否則，員工大概都只是聽聽而已，想起來就照辦，想不起來就照舊。

而企業文化的形成必然源自基層，企業文化的引導以及企業制度的貫徹也都依靠基層管理者。但當企業內部都以「誰說的」為先時，基層管理者的工作很多時候就可能會成為「徒勞」。如此一來，企業自然會由下而上地陷入管理困境。

2.「有什麼用」

每一個新制度的實現，往往需要從某些微不足道的小事開始，但此時，這項所謂「新政」就會顯得「沒什麼用」，甚至短期內還會影響現有業務，看起來有害無利。這是國內很多企業內部的通病，注重實用主義的文化氛圍，使得每個員工都想與制度實現「即時互動」，急切地想在短期內看到收益，卻容不得半點等待。

例如，某金融公司的風控總監在研究了國內外同行的風控經驗後，經過深思熟慮，推出了一整套的改革制度。其初步計畫就是細化部門分工，按照業務流程對職位進行細分，推動職能分工、協同作業。

然而，由於部門員工不夠，很多員工不得不身兼數職。於是，在計畫實行的最初三個月，很多員工工作內容明顯增多，薪資卻不見增長；有些員工卻因為職位調整，薪資下調……部門內怨言四起：「這改革有什麼用啊？還不如像以前一樣……」

當制度開始推行時，很多員工的第一反應是：「這麼做有什麼用？以前那樣不是挺好的嘛，改來改去的，盡折磨人。」當每個人都在追求制度的即時效果時，本就需要時間來證明效果的各種制度舉措，當然會受到極大地制約。

而當員工都只想著「即時互動」時，制度變革帶來的「陣痛」也將被進一步放大，引起員工的反感和抗爭。如果不能消除這種企業氛圍，縱使是確實有價值的制度，又能否執行得下去呢？答案可想而知。

3. 「看情況」

　　習慣說「看情況」的往往不是企業員工，而是制定政策的管理層。基於自身肩負「引導企業執行」的重大使命，為了規避制度風險，管理層在制定制度時往往習慣於看情況說話。所謂「看情況」，其實就是看市場環境、內部環境、政策環境，如果情況好就做，情況不好自然放棄。

　　理智地分析市場環境，當然是制定政策的必然前提，但很多管理者的「看情況」卻是一種機會主義：看房市熱，就炒房；看股市熱，就炒股；看網際網路金融是新興產業，就做小額貸款⋯⋯

　　然而，企業發展確實要看情況，但更重要的是看使命、看追求。放眼望去，無論國內還是國外，成為偉大企業的，無不是專注某一領域並不斷創新前行。至於如投身房地產的大企業之類，他們終將可能倒在下一個炒作話題中，比如小額貸款。

　　企業都明白制度的重要性，希望透過制度固化企業文化、維繫企業生存，提升企業核心競爭力。但為什麼那麼多企業的制度仍然難以推行呢？從以上三句話就可以看出來，「官僚主義」、「實用主義」、「機會主義」，早已成為限制企業制度推行的「三座大山」。

　　試問，如果基層員工的意見不被重視，中層管理者的管理沒人買單，高層管理者的決策不過是「投機」，企業文化還怎麼可能形成？想要真正固化企業文化，我們就必須從管理制度著手，讓制度發揮規範員工行為的作用，並貼合企業文化。

　　站在管理制度層面，企業必須讓所有員工再無「後顧之憂」，激勵員工腳踏實地按制度行事，而非瞻前顧後地執著於「誰說的」、「有什麼用」、「看情況」。

06
透過召開會議傳播企業文化

　　在企業營運管理中，會議是一個典型的溝通手段，無論是全體員工大會，還是部門會議、小組會議，都是為了在充分的溝通交流中，交換各方意見及智慧，從而達成一致；管理者也可以藉此塑造並發揮自身影響力，贏得員工的信任和認可，進而更好地投入到工作中去。而在這一過程中，即使不是專門的企業文化宣講會議，企業文化也可以在潛移默化中傳遞給員工。

　　然而，如今來看，太多企業裡存在開不完的會議，這已經成為員工的一種負擔，會議的效果已經與管理者的出發點背道而馳，會議甚至由此成為一種扭曲的「企業文化」，不僅無法承擔傳播企業文化的職能，反而削弱了員工的凝聚力和認可度。

　　在企業營運中，我們有無數問題需要開會解決，而每一次會議其實都是一次溝通交流、傳播文化的重要契機。無論在怎樣的主題會議中，我們都要採取正確的開會方法，為此，我們可以透過這樣幾個問題來重新認識會議。

1. 你的開會方法正確嗎

　　傳統的企業會議流程就是：宣導、交流、表態。但正如很多管理者發現的那樣，在大多數會議中，除了管理者宣導之外，交流環節幾乎可以忽視，而所謂表態也只是員工一味地說「好」。

　　為什麼員工不願意和我們交流？因為我們的會議讓員工認知到，他們

的交流或表態是無效的，無論他們說什麼都無法改變既定政策。那麼，員工又何必表達意見，做出頭鳥呢？因此，無論是大會還是小會，我們都無法聽到員工的聲音，更不要說意見或建議。

2. 員工認真說真話嗎

在認識到傳統開會方法的失效之後，一些管理者開始嘗試激勵員工在會議上表達意見。但效果如何呢？

有的管理者平時和員工的關係不錯，在一起聊天時一個比一個能聊，感覺都有說不完的想法。可是，等到開會的時候呢？主持人在上面說得慷慨激昂，但他們要麼目光呆滯，要麼在筆記本上狂寫不止，要麼低頭做沉思狀……

在主持人請他們發言時，一個個又都低下了頭，即使是被點名發言，有的避重就輕、顧左右而言他；有的一味說著老闆英明、深受鼓舞；有的甚至連拍馬屁都懶得做，只是說其他同事已經說過。

於是，每次會議都在高度統一、一團和氣中結束，但到實際工作中，一切仍然沒有發生改變。這樣的會議既無益於企業的日常營運，同樣不利於企業文化的傳播。

上述現象出現在諸多企業當中，究其原因，則是因為企業未能給予員工認真說真話的「安全感」，當管理者只會說些大話、空話、套話，當員工的建議或意見被極大忽視，那員工當然也不再說話，甚至不再樂於聽話，會議的作用也由此被扭曲。

3. 這件事真的需要開會嗎

越來越多的員工將會議看作一種負擔 —— 除非是發年終獎金之類的

「分贓大會」。此時，如果企業需要溝通的話題確實沒有開會的必要，那員工自然更加不會認可。

如果會議都是宣導新政策、新精神，而且已經決定不再改變，那麼，我們還需要為此開會嗎？不如直接群發郵件，有問題私下溝通，這樣還能節省員工的時間，讓員工勇於回饋。

如果會議只是一次簡單的溝通，是管理者想要與員工交流，那麼，開會難道不是最差的選擇嗎？當大家圍坐在會議桌邊，主管坐在上面，怎麼會有溝通的氛圍？我們不如直接在通訊軟體中交流，或是舉辦一次輕鬆的聚餐、出遊。

4. 員工能感受到你的真誠嗎

有些管理者在召開會議時，自己並沒有對員工抱以真誠的態度，那員工當然只會將會議看作耽誤時間。

例如，某企業由於業務發展需要，計劃對組織架構進行調整，原來的A事業部要被撤銷與B事業部合併。這樣的合併，意味著A事業部員工必然會面對職位、薪資、職能等各方面的變化，員工對此也十分關心。因此，管理者召集A事業部的員工開了一次全員會議。

在會議上，為了緩和員工的心情，管理者表現出維護員工利益的態度，畫出「美麗的大餅」，讓A事業部員工相信與B事業部合併也能一如既往，並號召大家對公司保持信任、在新的職位上創造更大的價值。

然而，任何一個職場老人都明白，不要說換個事業部，即使是換一個部門，工作環境都會天差地別。此時，他們最關心的就是：新的職位是否符合自己的職業發展？調職之後的薪資或漲或跌？而「大話」、「套話」、「大餅」在他們看來都只是空談。

　　任何企業文化的傳播都離不開「真誠」二字，只有當企業成員都可以真誠溝通時，企業文化才有孕育的土壤。否則，在虛與委蛇的工作氛圍中，任何企業文化都不可能實現。

5. 為什麼在非工作時間開會

　　開會是企業管理的必要組成部分，也是企業文化傳播的重要工具，當然也是員工工作內容的一部分。但如果會議總是選在非工作時間召開，在管理者看來，或許覺得只是占用了下班後的幾分鐘、半小時，但積少成多，這同樣會引起員工的負面情緒。

　　有的管理者經常跟員工開小會，會議時間確實不長，每次最多就半個小時，而且內容也都是重點。但是，他開會的時間總是選在午休或下班時間，甚至是讓員工上班早到半個小時開會。結果呢？員工私下卻表示：會議內容確實很好，但這樣無償加班開會，真的好累。

　　管理者也覺得挺委屈的，明明時間不長，而且占用時間也不多，為什麼員工不能理解呢？況且自己也是在休息時間工作啊！

　　員工並非不能接受開會，但在非工作時間開會，卻並非員工的工作義務。作為管理者，我們應該盡量少在非工作時間開會，以免因為影響到員工的正常休息時間，進而損害會議的效用。

　　其實，當我們真正聆聽員工的聲音時，我們總會發現，我們召開的大會小會，不僅沒能得到員工的認可，反而對企業文化造成負影響。究其原因，並非會議這一形式無效，而是我們並未掌握開會的方法。

　　開會的關鍵要素是溝通。仔細想想，在你召開的會議中，是否一直都是你一個人在自說自話？你的員工能否真的暢所欲言？你說出的話你自己相信嗎？會議是否耽誤了員工的工作休息時間？

如果我們不能切實考慮員工的需求，會議自然無法開進員工的內心。也只有當我們明白這一點之後，會議才不會成為員工的負擔，而是真正成為「勝利的大會」，讓企業文化在每次會議中得以傳播，讓管理者影響力及員工工作熱情在每次會議中大漲。

07
成就夥伴就是成就自己

2019 年 10 月，我司團隊隨活動結束提前進入了國慶假期。而這時煥傑老師帶領的全體成員卻沒有給自己放假，而是繼續在盤點所有可能成交和更新的客戶。

在盤點中煥傑老師發現，其中有一位可以成交的合夥人，他二話不說直接陪著夥伴前往拜訪，到達後第一時間參觀公司了解企業情況。經過一天時間的溝通，到晚上吃飯時，煥傑老師還在與每個股東逐個溝通。然而那頓飯吃到了凌晨 2 點，仍然沒有實現成交，大家回到酒店後內心很不是滋味，當時有些小夥伴都崩潰了。這時煥傑老師卻沒有灰心，暗下決心：決定再留一天，無論如何也要拿下這個客戶。

第二天，煥傑老師又與客戶進行了充分的溝通，終於在晚上成功簽約，這天已經是假期的最後一天。

煥傑老師永遠都是想夥伴之想、急夥伴之急，正是這份成就夥伴的初心，讓集團分公司得以創造一個又一個奇蹟，並在分公司成立的第一個月業績就破百萬元，成為最快破百萬業績的分公司，接下來的每個月業績也是日漸增長。在煥傑老師的帶領下，團隊的每個人都感覺奔跑在成長的路上，每個人都在乘風破浪。

煥傑老師帶領團隊之所以能夠創造這樣的成績，正是因為他相信：一個人成功的關鍵在於他「願意」以及「已經」幫助和成就了多少人。他幫助的人越多，心裡裝著的人越多，他的成長和成就越大。

第五章　企業文化與制度的有效實現

第六章
人生 900 格：
在有限的生命裡做有意義的事

　　企業文化的實現過程，絕非員工利益與企業利益的取捨過程，而是關於生命意義的探索與交流過程。在每個企業成員的有限人生中，甚至是在企業的有限壽命中，我們都應做更有意義的事，而不是將精力放在零和博弈、相互傾軋上。

　　有的人能在有限的生命裡做出非凡的事業，有的人能在工作中發揮自己的最大價值，而有的人走過自己人生的 900 格卻最終一事無成。

— 01 —
生命的意義

　　雖然在人生中我們都有自己的夢想，甚至在生活與工作中滿懷使命感，但每個人卻都有各自局限，或是局限於時代的眼光，或是局限於知識的累積，即使企業採取各種方法對員工進行培養，但我們仍然有一種局限永遠無法逃過，那就是生命的局限。

　　曾經有一位德國攝影師專門去臨終病房進行拍攝，拍下人們臨終前和剛剛逝去的那一刻，並將兩張照片並在一起，配上攝影師採訪記錄的文字內容。這一拍攝計畫觸動了無數人，而其中有一位老太太的話更是令人百感交集。

　　這位老太太當時指著窗外的一個超市對攝影師說道：「你看那裡進進出出的人們，他們在那裡購買各式各樣的東西，麵包、衛生紙和油……你看他們的樣子，他們好像從來不覺得自己會死。」

　　這就是生命，在我們度過自己的人生時，誰又想過自己會死呢？我們幾乎都不曾想過自己會在什麼時刻和地點以怎樣的方式死去。然而，如果我們沒有終會逝去的覺悟，如果我們沒有認知到生命的局限，我們又如何能夠了解生命的意義，又如何能在有限生命裡做更有意義的事呢？

　　生命都是短暫的，但這並非一個需要消極對待的認知。事實上，生命的意義正是因為它的短暫，如果永遠不會逝去，我們也無須考慮關於生命的意義，就如影視作品中的吸血鬼總是不會因為生命意義而困惑。

　　當然，每個人的生命都有不同的意義，但無論是誰的生命都應是為自

己而活，從自己出發來明確生命的意義。

1.努力為自己而活

　　德國哲學家費爾巴哈（Ludwig Feuerbach）說過，人活著的第一要務就是要使自己幸福。

　　也有人曾說：人這輩子最幸福的事，就是曾經為自己活過。

　　然而，現實卻是，人很少是為自己活著。我們總是會被社會輿論所引導，或是被一些潮流所裹挾，或是在別人的眼光下小心翼翼地活著……這樣的人生也將讓人迷茫、無措：我們究竟為什麼而活？我們活著的意義是什麼？

　　小時候，父母告訴我們：「別貪玩，要好好學習，聽老師的話，這樣以後才會有出息。」於是，我們放下心愛的球拍，努力成為父母眼中的「好孩子」。

　　在學校，老師告訴我們：「別分心，要努力讀書，不考上大學，一輩子就都完蛋啦。」於是，我們放下手中的畫筆，爭取在學業上更加出色。

　　當我們終於進入大學，看著來自各個地方的同學，我們卻迷失了自己：為什麼這麼多同學跟我好像一樣？好羨慕那個身材勻稱的男生可以進入校隊；好羨慕那個多才多藝的女生可以登上舞臺；電腦系那個「戴眼鏡的同學」，竟然懂這麼多電腦知識……而我們自己呢？

　　看著鏡子裡的自己，我們開始疑惑：努力學習這麼多年，成為父母老師眼中的「好孩子」，可是我們的人生真的開始美好了嗎？為什麼自己顯得那樣陌生而卑微，就好像生產線上的一件產品。

　　我究竟是誰？這麼多年裡，究竟是從何時開始，我們已經把自己弄丟了？大概，一切的起點，就是我們開始活在別人的期待裡，而不再為自己而活。

馬友友作為世界聞名的音樂大師，多次獲得葛萊美獎，甚至於 2011 年，由美國總統歐巴馬親自授予總統自由勳章 —— 美國平民最高榮譽。

但這並非他最初的人生軌跡，在他父母的規劃中，馬友友將來會成為與父母一樣出色的金融人士，因此，馬友友學會的第一句話並非「爸爸媽媽」，而是「一二三四」。馬友友從小就是讓父母驕傲的「數學明星」，但只有他自己知道，自己對此毫無興趣。

直到有一天，馬友友在放學回家的路上，聽到一位老人彈奏的大提琴聲，他聽得入神，甚至忘了回家。老人拉完曲子，發現了馬友友，就和他聊了很多關於音樂的故事，又繼續為他演奏各種樂曲。

馬友友的父母知道之後，自然強烈反對，擺出前所未有的嚴肅態度，要求馬友友好好學習數學。但馬友友前所未有地堅定著：「為什麼要和你們走一樣的路，我就是喜歡音樂，而且我能把自己喜歡的事做到更好。」

終於，在數次對抗中，馬友友的父母放棄了控制，允許馬友友學習音樂。但沒想到，不過一兩年的時間，馬友友的音樂才華開始嶄露頭角……

在這個社會裡，我們已經生活得很辛苦，需要應付生活中的各種瑣碎，人生已經如此艱難，我們為什麼還要為別人而活，折磨自己呢？

我們每個人都似乎有兩個自己：一個想要實現別人對自己的期待；另一個則只想聽從自己的內心。我們害怕異樣的眼光，因此，我們在社會中活得小心翼翼；我們害怕至親的失望，因此，我們努力滿足他們的期待。於是，我們的生活也似是而非。

然而，等到我們筋疲力盡之後，才發現，我們始終滿足不了別人的期待。那麼，我們不妨只為自己而活，只為自己的幸福而活。

實現幸福似乎很難，但其實，幸福並不源自結果，而是來自過程。正

如一位作家所說，只要我們每一個人努力去爭取、去奮鬥，我們就會享有自己的幸福。

　　幸福其實是一種內心的穩定。我們當然沒辦法決定外界的是是非非，但我們卻能決定自己的內心狀態。而當我們努力為自己而活時，其實就是真正掌握住了自己的人生，到此時，我們也不再迷茫、無措。

　　對於這世上的很多事情，我們確實無能為力。但在其間，必然存在著我們能夠透過努力而改變的事情，如果能按照自己的意志、透過自己的努力去改變，那我們也將實現內心的穩定，而這當然是世界上最幸福的事，這當然也是生命必需的意義！

2. 明確自己生命的意義

　　無論想要怎樣的未來，都需要我們堅持不懈地努力。但在此前，我們必須先明確自己生命的意義，只有如此，才能明確生命的起點、過程和終點。為此，我們不妨遵循以下三個步驟來認識自己。

　　(1)「令我愉悅和鮮活的時候」。首先，我們可以搜尋自己的記憶，找到生命中所有讓你感到愉悅和鮮活的時刻，並列出清單。接下來，我們可以仔細檢視這份清單，試著找找看這些事件是否有共同點。如果有，這個共同的要素就是能夠帶給我們快樂的暗示，而這同樣是你人生意義的一個暗示。因為人生最重要的意義，就是讓自己愉悅和鮮活。

　　(2)「認識我自己」。重新審視自己，透過下列問題真正地認識自己：

①我有哪些天分？

②我有哪些技能或知識？

③我喜歡做什麼？

④什麼時候我最具活力？

⑤我熱衷於什麼？

⑥什麼能給我帶來更多愉悅？

⑦什麼時候我的自我感覺最好？

⑧我的個人特點是什麼？

⑨別人經常說我擅長什麼？

⑩我喜歡如何與別人互動？

⑪如果可能的話，我最想改變周圍的什麼？

需要注意的是，這些問題並非性格測試，也不是面試試題，因此，我們一定要尋求內心深處的真正答案，而無須考慮任何外界因素。

（3）「我的生命的意義」。在深層次的自我認知之後，我們就可以對每一個問題的主要答案進行總結：它們都有什麼共同點，暗示了什麼？將這些要素整合起來，我們就能得到幾句完整的句子 —— 這就是我們的生命的意義。

只有當我們真正地認識自己的本我，並明確自己獨有的興趣、天賦、才能和熱情時，我們才能知道：我是誰，我想要成為怎樣的人，我要以怎樣的姿態面對這個世界。

此時，我們也就明確了自己生命的意義，並真正擁有了創造命運的能力。接下來，我們就可以遵循自己的內心去追尋更有意義的人生，盡情地向這個世界散發強烈的能量，創造更大的價值，並收穫這個世界的回饋！

02
為什麼有人能做到其他人做不到的事

「人生苦短，可我如今仍然一事無成，掙扎於各種瑣碎、繁雜的事務之間，完全看不見未來的希望，我的未來是否已經注定？我的人生是否還有轉機？為什麼有人在有限的生命裡做了其他人做不到的事？」當我們為此而焦慮不安時，不妨聽聽稻盛和夫的告誡：「我埋頭工作 40 餘年，成就了多項事業。成功的理由，全在於持續不懈、踏實的努力。」

很簡單的道理，但也是最難踐行的道理。如何去做呢？說到底也無非是自強不息而已。畢竟，在人生的道路上，一切成就或失敗，坦然或悔恨，都只與自己有關而已 —— 你不努力，沒人能替你堅強。

喬‧吉拉德（Joe Girard）被譽為「全世界最偉大的業務員」，他在 49 歲退休的時候，已經保持了 12 年的汽車推銷紀錄，平均每天 6 輛汽車的銷售記錄，因此被載入金氏世界紀錄！

可是，正是這樣一位推銷天才，在 35 歲之前卻一直被認為是「loser（失敗者）」！因為喬‧吉拉德患有嚴重的口吃，在從事汽車推銷事業之前，他曾經換過 40 份工作，也曾經在沉重的債務下走投無路，連他的父親都將他看作「四處遊蕩的笨蛋」。

然而，他並沒有自暴自棄、怨天尤人。在發現口吃的自己難以有效應對任何工作之後，喬‧吉拉德開始強迫自己與人頻繁溝通，並學習大量的推銷知識。用了三年的時間，喬‧吉拉德終於改變了自己，也將自己推銷給了全世界。

1. 不給自己設限，才能突破生命局限

很多人常聽長輩們說：「很多人忙碌一輩子，只賺了一間屬於自己的房子。」等到進入社會時，他們才發現，曾經嗤之以鼻的說法竟然成為現實，很多人的奮鬥都是為了一間房產；而更多人卻發現，無論收入如何上漲，都趕不上房價的漲幅。

「既然如此，何必還要奮鬥？不如專心享受生活好了！」就是在這樣的想法下，他們開始放縱自己，將有限的收入都用在了享受上。

然而，很多人都如此，就代表我們的人生就只能如此嗎？現狀如此，就代表我們的未來同樣如此嗎？

我們必須要認知到的一點是，對每個人來說，唯一公平的就是時間，沒有誰的一天擁有 25 個小時。即使身處同一個企業，但有人工作，有人偷懶；有人學習，有人虛度。同樣是下班回家，有人安逸看電影、讀名著，早早睡覺；有人匆忙趕到另一個職場，賺點外快；有人則追著偶像劇、網路小說，欲罷不能。他們的人生當然不同。

人們往往會陷入一種盲目當中：似乎怎麼也進不了預期的學校或公司，似乎別人的學習或工作都好於自己。於是，人們過分看低自己所處的境地，過分否定自己付出的努力，最終陷入「人生無轉機」的絕望 —— 這才是真正讓人生難覓轉機的根源。

人生已經有限，為何我們還要給自己設限？與其消極對待人生，不如相信：

我們的付出必將贏得相應的回報。無論如何，我們都應保持自強不息的心態，絕不放棄，退縮，努力刻苦鑽研，如此才能解決人生難題，達到別人無法抵達的遠方。

2. 沒有什麼事情可以「萬事俱備」

我們不妨想一想：在我們的生命中有多少事發生時，我們沒有立刻行動而是將之置之腦後，等到再想起時卻已經面目全非。我們的生命中似乎有太多重要的事要做，但有些人總是善於將它們放在一邊開始玩耍休閒，然後發現自己又有太多的空閒時間。

人們總是想著：等一會兒，等準備好了再去做；等一會兒，等手頭的事做完了再去做。可最後，我們就這麼忘記了這一件事，等到想起來的時候，當初的熱情和熱情已經不再，我們自然也就一事無成。

一個人之所以能夠實現自己的目標，在有限的生命裡做出非凡的成就，並不在於他有多好的方法，也不是因為他的目標有多近。如果真要說有什麼方法的話，只是因為他們的行動比別人更多；如果真要說毅力有多可貴的話，那就在於他們能夠一直堅持立刻行動！

沒有行動，所謂方法都是「紙上談兵」，得不到實際效果，更得不到改進提升。當我們制定了目標，確定了行動的方向，那就再不需要任何猶豫，在前方的道路上，除了我們自己，沒有任何人或事會阻礙我們的行動。

曾經有一位員工見到組長後抱怨地說道：「組長，我等了你兩天，想和你確認這個方案怎麼做，你這幾天去哪了？」表面上看，這位員工似乎有著一顆立刻行動的心。可只是因為組長不在，他就讓一個方案擱置了兩天，他既沒有尋找其他同事溝通，也沒有嘗試其他溝通管道，或是先做出一個初步的成果，而只是無謂的等待，於是，他既浪費了兩天的時間，也失去了組長的認可。

如果行動總是需要當一切剛剛好或有人推動時才能展開，那這些行動

就不是我們自己的。這樣被動的行動不會讓我們得到任何收益，其結果往往適得其反。

很難想像，因為組長不在就將方案完全擱置的員工，能夠做出多少成績，又能在自己的職業道路上走多遠？

行動是克服困難的唯一方法，也是發現困難的真正方法。當我們制定計畫時，我們會發現這樣那樣的困難，時間不夠、雜事繁忙、準備不足、物資未滿……可只有在行動中我們才能看到真正的困難，並逐一將之克服。

要知道，行動的目的就是解決問題、實現目標。那些困難不會因為我們在紙上塗塗畫畫就消失無蹤，只會消失於我們前進的每一個腳印中。

同時，也只有立刻行動才能讓自己堅持下去。毅力的培養無疑十分困難，但如果我們為把每一件該做的事立刻行動，久而久之，我們也將養成一種習慣，毅力也悄然而生！「千里之行，始於足下」，我們不用為「千里」的遙遠而徬徨，只需要看眼下的那一小步，「千里」難走，但跨出這一小步卻並不困難。

當我們用糖果誘惑孩子走路時，我們不在乎手中的糖果，只在乎他走出的每一步，當他邁出了第一步，撒開腳丫開始跑的時候，糖果就離他不遠了……

用行動去尋求適合自己的方法，用行動去克服路途中的障礙，用主動的行動提高自己，用立刻的行動去實現自己的目標！在這樣的行動中，我們有限的生命也將散發出更耀眼的光芒。

3. 每個人都有改變的能力

很多人把改變看作一種天翻地覆，並為之賦予太多驚心動魄的臆想。

因此，在面對各種人生不滿、事業瓶頸時，人們希望改變卻又畏懼改變，最終卻是安於現狀，直到最後……

然而，改變無須大動干戈，一下子把生活攪得天翻地覆。我們只需改變自己的思維，然後從自己力所能及的事情開始，每天改變一點，日積月累，終有水滴石穿的一天。

如果我們想要透過在職讀研究所在事業道路上更進一步，我們無須數天內做完考題試卷，只需在改變想法之後，每天背 20 個英語單字，每天學一節課程內容……

直到半年之後，當別人驚訝於你如何通過考試時，回首過去，一切其實就是從當初一個微小的改變開始。

就好像是一顆黑炭，它只需每天改變一個原子的排列結構，那麼終有一天，它會從一顆不起眼的黑炭，變成最耀眼的鑽石。

歌德曾說：「在今天和明天之間，有一段很長的時間；趁你還有精神的時候，學習迅速辦事。」當你對現狀不滿時，那就去現在開始努力改變現狀。

有時候，人們對時間的感知會出錯。他們感覺時間是那麼漫長，未來還有那麼多年，於是，他們自認為可以「等到明天」再開始努力，可就是在這樣的空想中，許多個念頭匆匆而過。他們曾以為自己在老了之後，可以坐在藤椅上，向兒孫訴說自己的精彩故事。但現實卻是，這麼多年過去了，他們卻還沒有什麼精彩的故事可以訴說，春去秋來，他們似乎仍然過著流水帳般的生活，直到老去，也只能羨慕別人的豐富故事。

───── **03** ─────

人生只有 900 格

　　當很多人將「來日方長」作為推脫、將「等待時機」作為藉口時，我們卻忘記了「人生苦短」的哀嘆。其實，這段似乎看不見盡頭的人生路只有 900 格而已。

　　如果我們將一個月算作一個小格子，那按照 75 歲的壽命來看，我們的人生也不過 900 個月，即 900 個小格子而已，如表 6-1 所示。

表 6-1　人生 900 格

	1	2	3	4	5	6	7	8	9	10	11	12	13	14	15	16	17	18	19	20	21	22	23	24	25	26	27	28	29	30	歲數
												其實，人生只有 900 個格																			
1												1												2							5
2						3												4												5	
3												6												7							10
4						8												9												10	
5												11												12							15
6						13												14												15	
7												16												17							20
8						18												19												20	
9												21												22							25
10						23												24												25	
11												26												27							30
12						28												29												30	
13												31												32							35
14						33												34												35	
15												36												37							40
16						38												39												40	

	1	2	3	4	5	6	7	8	9	10	11	12	13	14	15	16	17	18	19	20	21	22	23	24	25	26	27	28	29	30	歲數
17												41												42							45
18						43												44												45	
19												46												47							50
20						48												49												50	
21												51												52							55
22						53												54												55	
23												56												57							60
24						58												59												60	
25												61												62							65
26						63												64												65	
27												66												67							70
28						68												69												70	
29												71												72							75
30						73												74												75	

其實，人生只有900個格

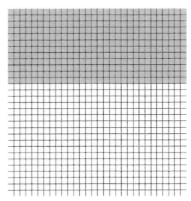

圖 6-1　30 歲「打工人」的人生 900 格

　　75 年乘以 12 個月，這就是我們大多數人的一生。這聽起來漫長的人生，展現在 900 格圖示上卻總是令人震撼。假設你是一位 30 歲的「打工人」，那你的人生 900 格就如圖 6-1 所示；假設你能陪伴你的孩子直至他考入大學，那你們相處的時間則如圖 6-2 所示；假設你的父母已經 50 歲，而你們一年才見一次，那你還能陪伴他們的時間可能如圖 6-3 所示。

很多人直到看到這樣的圖片時，才真正認識到人生的短暫。當我們還固執地認為「來日方長」時，留給我們想做未做的事情的時間也就越來越少，直至一切都來不及。

當我們豔羨別人的諸多成就，當我們慶幸自己還足夠年輕時，更要奮起直追，將自己的時間用在有意義的事情上，切忌在一拖再拖中，讓時間無意義地流逝。

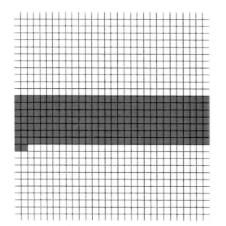

圖 6-2　陪伴孩子直至其考入大學的時間　　圖 6-3　一年一次陪伴父母的時間

1. 拖延是時間最大的殺手

很多人常常把「等一下做」、「明天做」、「有空再做」掛在嘴上，可即使到時候，他們真的去做了，過去那麼好的時機已經沒有了，未來的變數反而讓他們得不償失。或許，有些人真的有「三日事，一日了」的天賦，那麼，為什麼不在第一天就做完這些事呢？或許，等到第三天的時候，一切都變得不一樣了！

有些人把拖延當作一種等待，等待一次良機的到來。但機會往往就在眼下，稍縱即逝，猶如曇花一現。當我們還在等待那些「敢死隊」為自己

「排雷」時，殊不知，最大的螃蟹已經被他們吃掉了，而自己跟在後面，連湯都喝不到，最後只能以一句「料事如神」自誇。

拖延是時間最大的殺手。當你把今天的事情拖到明天時，你就能把明天的時間拖到後天。且不談那些失去的機遇，單從時間來說，這樣地透支未來的時間，你真的能保證自己在未來能夠把所有要做的事都做完嗎？而那些自己拖延耗費掉的時間，你究竟用來做了什麼？

拖延從來不會為我們省下時間和精力。或許大家真的能夠用一天的時間完成兩天的工作量。可是，在這「省下來」的一天裡，做什麼呢？「東玩玩、西逛逛」，省下的時間並沒有用於「增值」，就這麼消耗掉了。最後，任務沒完成，晉升得不到，職業規劃的那些目標更是沒有實現！

2. 善用碎片時間，才能突破時間局限

雷巴柯夫（Boris Rybakov）曾說：「用分來計算時間的人，比用時計算時間的人，時間多 59 倍。」所謂集腋成裘，10 分鐘或許不足以我們生產一輛汽車，但總是足夠我們大致瀏覽生產說明書；1 分鐘或許無法完成一份文案，但卻足以思考接下來要做的流程。

走向職場之後，工作與生活相交織，我們的時間似乎變得越來越零碎，一個小時後要做這個，半個小時後要做那個，十分鐘後就要出門了……我們似乎很難抽出一段完整的時間來做我們需要做的事情。但社交 App 卻越來越熱門，它們為什麼能有這麼大的市場？這不正說明我們其實擁有太多時間，只是這些時間過於碎片化，因而容易被人們忽視。

很多人已經開始抱怨這些社交 App：「當初之所以用它、喜歡它，就是想打發下那些沒事做的幾分鐘。可現在卻慢慢上癮了，總是忍不住滑滑看有什麼消息，或是看一下抖音就已經過去了一兩個小時，現在已經沒辦

法靜下心做事了。本來用來打發碎片時間的工具，卻正在切割我的時間，把我的完整時間變得碎片化！」

此時，與其糾結於失去整段的時間，不如學會對碎片時間進行有效整理，從而突破時間的局限。

當開啟生活與工作共用的通訊工具，生活與工作之間往往也就模糊了界限，因此時間碎片化也成為必然；但同樣是得益於行動網路，無論我們身在何方，只要有一部智慧手機，我們就能夠完成基本的學習和工作。

由此來看，時間在被碎片化的同時，也擁有了被「拉長」的可能！而其中的關鍵就在於，我們是否能夠利用這些碎片化的時間去完成系統的工作？是否能夠在間斷性的工作中保持連貫、整體的思維，以及對於其他事情的快速反應能力？

3. 重新認識時間，才能激發無限潛能

人的潛能無限，但要激發潛能卻並非只是說說就行。

最好的世界有怎樣的精彩？最好的自己又能創造怎樣的奇蹟？每個人或許都沉浸在這樣的暢想中，但很多人卻為其中需要投入的龐大時間而犯難。

「我現在的工作很枯燥，根本不是我想做的，但這卻是我維持生活的重要來源，我不可能辭職去做我想做的。可不辭職，我又哪來足夠的時間呢？」

很多人認為，越是重要的工作，就越需要一塊完整的時間去完成。比如做一份文案，很多人希望能夠有半天的時間沉浸其中、不受打擾。可如果他們仔細回憶下自己的文案工作就會發現，文案創作其實可以分為兩種情況，其一是拿起筆就文思泉湧，在一段安靜的時間裡能夠一蹴而就；其

二則是拿起筆卻什麼都想不起來，開了個頭就寫不下去，只好停筆等下次再寫。

　　為什麼會出現這兩種情況呢？有的人說是因為沒有靈感。其實，只是因為他們的累積還不夠，如果對要寫的問題有足夠的知識儲備，那麼，只要有段安靜的時間，他們就能下筆如有神。可如果累積不夠，「肚子裡沒有墨水」，有再多的安靜時間，都「倒不出來幾個字」。

　　如果能夠明白這一點，我們就應該意識到，有的工作確實需要一段完整的時間來完成，但如果沒有足夠的累積和鋪陳，即使有這樣的完整時間，工作也不會完成。

　　在這種情況下，我們不妨直接將自己的時間管理計畫進行分割，我們不需要以小時為單位去計劃事務，而應該以分鐘為單位。

　　同樣是文案工作，有的人的計畫是：「1 小時做構思；1 小時做提綱；3 個小時收集素材；2 個小時寫作；1 個小時修改」；可如果將計畫改為「12 個 5 分鐘的構思；12 個 5 分鐘的提綱；36 個 5 分鐘的素材收集；24 個 5 分鐘的寫作；12 個 5 分鐘的修改」。

　　當我們的計畫以分鐘為單位時，我們就會驚奇地發現，我們有限的生命中其實有那麼多的時間可以使用，而坐擁如此龐大的時間資源，我們也就掌握了最重要的成功祕訣，突破限制、激發潛能也將水到渠成。

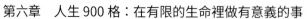

04
如何做更有意義的事

「不要和我談目的、談理想，我工作的目的就是賺錢，我最大的理想就是 —— 賺足夠的錢，不用再工作！」這句話經常出現在我們的朋友中，也是很多人的心聲。但我們真的已經決定剝奪人生三分之一時間的意義嗎？

工作是為了什麼？很多人會不假思索地回答 ——「賺錢」。的確，工作就是為了賺錢，不工作就沒有收入，就會連最基本的物質保障都沒有。我們將如此寶貴的時間花費在工作上，就應該有意識地去獲得遠比錢更重要、更豐富的東西。

人們總是想做更有意義的事，而非渾渾噩噩地度過這一生。此時，我們就應認知到，工作的真正意義遠遠不止於賺錢。當我們花費如此多寶貴的時間去工作，我們想要得到的或者應該得到的就不只是金錢。

然而，單純的工作並不會賦予我們金錢以外的其他東西，我們應該主動探索和發掘工作的樂趣和意義，將工作與事業發展、人生目標連繫起來。在一份工作中，我們除了能夠獲得技能的提升、職位的晉升，還應該明確未來的方向，如此才能細化階段性的目標，比如某方面知識和技能的習得及提升、比如對某些機會的爭取或者放棄，從而在工作中做更有意義的事。

當然，工作是有壓力的，偶爾也有繁重得喘不過氣的時候，我們或許無法在短時間內就得到所有所需，實現最終意義。但至少，我們應該有這

樣的意識 —— 在工作中，除了錢，我們總要獲得些其他東西，如技能和人際關係、職業選擇和發展，以及對人生的理解和規劃。

用新的眼光看待和分析從事的工作，認真地發現工作給我們的機會，而非將金錢作為工作的唯一目的，如此一來，不斷成熟和強大的我們才有機會在有限的生命裡做更有意義的事。

1. 在工作中學習與成長

要做更有意義的事，我們就必須具備相當的學習能力，做到持續學習、終身學習。無論多麼陌生甚至聞所未聞的事物，只要我們花費時間去了解和實踐，我們總會達到熟能生巧的程度，工作不是我們對學生時代的告別，而是一種關於學習的延續。即使離開校園、步入職場，我們仍需保持好奇和求知的欲望，不斷重新整理自己的腦容量，不斷更新自己的技術庫。倘若只滿足於現階段的知識技能儲備，我們也就只能在同一層次的職位上輾轉徘徊。

肌肉會因為缺乏鍛鍊而萎縮，大腦也會因為長期不運轉而「生鏽」。我們必須有意識地提升專業技能，而不能滿足於手頭工作的熟練，在主動學習相關知識和技能的同時，我們才能發掘出更多的潛力，不斷豐富自己、提升自己。機會永遠是給有準備的人的，努力提升自己才能不錯失寶貴的機會。

同時，工作中的一個必要課題就是人際關係問題，而這也同樣是一道人生難題。人是群居性的生物，有特定的社交需求，但很多人初入職場時卻表現得戰戰兢兢，有些人則不懂得拿捏人際交往的分寸，有些人甚至沒有建立起任何關係網路。

而在關於人際關係的課題上，我們在工作中應該能夠建立穩定的關係

圈，並鍛鍊自己處理職場「潛規則」的能力。人與人的交往是複雜的，與不同的人交往需要不同的態度和方式。一個穩定的關係圈，則不會因為工作變動而破裂，在相互幫扶的社交關係下，我們也能得到重要的助力，從而繞開很多不必要的彎路。

2. 別只盯著現在的職位

在職場上，別只盯著你現在的職位，因為那並非全部。我們必須努力晉升到更高層次，這當然不是因為高層就不累。相反，層次越高的人也會更感疲累。但只有在不斷的晉升中，我們才能獲取更多的薪資，滿足我們的物質需求；也只有在更高的職位上，我們才能利用更多的資源，實現我們的自我價值。

我們很難要求自己的主管對每位員工都有深入了解，並為他們安排更具針對性、成長性的任務。事實上，為了追求更高的效率，絕大多數企業都會為各個職位制定一個基準線，員工只需做到基準線即可；如此一來，各個團隊之間的協同性才得以在最大程度上呈現，從而推動企業創造更大的效益。

在實際管理中，基於維護這一協同效應的目標，企業甚至會限制員工主動發展、自由發揮的空間，以免發生不確定性風險。站在管理層的角度，如果每個員工都充分發揮自身的個性，必然會對其管理工作帶來極大的挑戰。

但無論如何，我們終歸有些主動權，我們必須把握住這一權力，爭取在職位上創造出更大的價值，讓同事、主管知道我們的能力。無論身處怎樣的職位，我們都要提高目標、實現超越，最起碼要在現職位上超越主管、同事的期待。

在職場上，很多人把自己看作單純的執行者，只需執行主管交代的各種任務即可。但要切記，我們永遠不是簡單的執行者，而是價值創造者。

我們不能只盯著現在的職位，但想要表現出自身的能力也要採取合適的方法，以免事與願違，反而引起同事或主管的反感。

而最簡單直接的方法就是把現職位工作作到極致，在每次績效考核中名列前茅，以此展現自己的能力。同時，在日常工作中，在團隊遇到工作問題時，我們也要主動參與討論，即使不能解決問題，我們也能從中有所收穫。

3. 彎路成就閱歷與技能

人生總有彎路，無論我們如何學習成長、調整計畫，都不可能避過所有彎路，走出一條直達目標的直線。事實上，我們也無須對彎路避之不及，因為彎路同樣可以成就我們的閱歷與技能，有時甚至能幫助我們更快到達目標。

彎路其實是選擇的後果。當我們因為當初的選擇走上這條道路時，不要急著調整方向，而要先分析情況，再整理收穫，從而做出合適的調整。

在這個日新月異的市場，人在變，競爭在變，市場也在變。今天的彎路，可能在明天卻是一條捷徑；今天的獨木橋，卻可能在明天變成康莊大道。更重要的一點是，今天的彎路，可能在昨天卻是我們眼中的捷徑。

當我們認為自己在走彎路或走過了一條彎路時，不要急著懊悔或轉向，不妨先思考一下：當初為何走到這條路上？當初的選擇是否合理？當下的認知是否客觀？如此一來，我們才能對這條路產生更加清晰的認知，避免錯誤轉向或輕率放棄。

在這樣的判斷與思考中，我們也將收穫到重要的閱歷。人生閱歷是寶

貴的，人生匆匆不過八十載，職場生涯不過四十年。無論我們走過怎樣的彎路，這都意味著，我們見過更多的風景，做過更多的工作，這些都會帶給我們相應的經驗與技能。

即使是彎路上的經歷，我們也要擠壓出全部的價值，讓彎路幫助我們能夠更好地前進，甚至是透過分析轉化，將之變為人生的捷徑。有時，彎路和捷徑其實可以相互轉化，關鍵就在於我們是否善於挖掘並利用自己閱歷與技能，並找到其中的結合點。

因此，在一段彎路中，我們無須對過去全盤否定，而應整理收穫、收集經驗，對未來的道路進行深度思考之後再重新上路。

05
在工作中發揮最大的價值

我們都想在有限的生命裡做更有意義的事，做其他人做不到的事，讓自己人生的 900 格都充滿價值。而要實現這一目標，我們就必須在工作中發揮最大價值，讓工作為自己帶來更大意義。

莫什‧梅羅拉曾說過：「任何老闆都想要找到這樣的人，一個能主動承擔起責任和自願幫助別人的人，即使沒有任何人告訴他要對某件事負責或幫助別人。」

然而，職場上「事不關己、高高掛起」的心態仍然普遍存在，很多人只是關注分內工作，對額外的工作卻毫無熱情。如果沒有上司的「指令」，他們從不會主動承擔起額外的責任或幫助別人。對此，他們都有一個合適的理由：「做那麼多，又不多給我薪資。」

其實，正是這種想法限制了我們的發展，我們的價值也難以真正發揮。因為當我們的付出由薪資決定，我們自然不會有出彩的表現，即使能力再強，看起來也會顯得平庸，因而也不會得到重視，事業也難以突破。

1.喜歡、努力然後獲得啟示

針對如何在工作中發揮最大價值的問題，稻盛和夫曾經明確地給出過答案：

盡快擺脫「不喜歡這個工作」的消極態度，並「持續地、拚命地努力，在絞盡腦汁之後就能獲得上帝的啟示」。

要理解稻盛和夫的建議，我們就要從兩個層面來看。

（1）有意識地努力做到「喜歡自己的工作」。很多人都會調侃一句「我工作的目的就是不用工作」，而在這種思維下，工作其實被放在了人生的對立面，但工作真的是生活的負累嗎？

讓無數人感到煩悶不已的工作，其實也是通往人生夢想的唯一路徑。無論你的夢想是成為企業高層，還是電競高手，一切夢想其實都是在工作中實現的。

畢竟，每天八小時的工作占據了我們人生三分之一的時間。如果這三分之一的人生都被冠以「人生負累」之名，我們的人生也確實承載了太多的負累。

很多人將工作看得很單純，那就是取得薪資，養活自己，支撐我們的娛樂開支。然而，物質和金錢從來不是獲得幸福的泉源，人們的幸福始終在於內心的滿足感。物質和金錢或許是一種有效、直接的手段，但同樣是一種短效的手段，甚至會讓人感到盲目，只有從工作中實現目標，獲得滿足感，我們才能真正感受到持久的幸福。

人生的意義或許在於享受，但很多人卻將享受的時間定格在了人生的三分之二中，白白讓自己失去了三分之一的快樂 —— 這是怎樣一種愚笨！當我們開始努力「喜歡自己的工作」時，我們也就可以「從工作和創新中尋找樂趣」，並持續不斷地鑽研創新，在長期持續的努力中，走向更好的人生。

（2）「持續地、拚命地努力，在絞盡腦汁之後就能獲得上帝的啟示」。當我們朝著既定的目標努力時，很多人總會這樣問自己：「怎麼做才能達到目標呢？」或者「自己的做法對嗎？」

　　然而，問題的結果往往卻是沒有答案。於是，我們似乎也陷入了山窮水盡、走投無路的境地，很多人也在此時發出疑問：「我們的人生還有轉機嗎？」

　　時至今日，減肥成為無數男女的話題，每個人似乎都在減肥，每個人似乎都在健身。但當他們辦了昂貴的健身方案，在最初的熱情之後，他們就再也沒有見過教練，而隨著方案的到手，他們似乎就已經完成了健身的計畫。直到某一天，當他們又一次為自己的肥胖而警覺時，各種減肥藥、代餐又被加入了購物車。就這樣，他們左手健身方案，右手代餐，高呼著「吃飽了才有力氣」減肥，然後胡亂吃喝，但卻又在抱怨「這個世界對胖子太殘忍」，或是拿著別人減肥成功的對比圖驕傲地宣稱「胖子都是潛力股」——好像他們已經減肥成功。

　　無論是在生活或工作中，付出總是讓很多人感到痛苦，因為付出似乎總是沒有收穫成果。但當此時，不妨持續、拚命地去努力，直到你真正絞盡腦汁、竭盡精力之時，如稻盛和夫所言，我們將「獲得上帝的啟示」，在某個時刻我們終將迎來人生的轉機。

2. 價值在付出中展現

　　永遠別讓薪資決定我們的付出，因為薪資的增長總是滯後的，我們的薪資事實上由我們的付出來決定。只有當我們的付出、創造的價值超出現有薪資時，企業才能認識到我們的價值，在為我們升遷加薪的同時，給予我們創造更大價值的機會。

　　（1）主動承擔額外工作。拿到 offer，說明我們的能力足以應對該職位的工作，但在日常工作中總會出現各種額外的工作，此時，我們能否主動承擔下來呢？比如新人的指導工作或突發的緊急任務，這些工作確實是額

外負擔，但也是難得的機會。

例如，有一天快下班時，主管突然通知：「某緊急任務需要提前處理完成，今晚需要五個人留下來加班，誰有空啊？」此時，你是主動報名，還是裝「鴕鳥」？若無人報名，當主管點名到你時，你是「認命」，還是找理由拒絕？

在上述四個選項中，主動報名是好印象，裝「鴕鳥」是無印象；點名到你是認可你的能力，而你的拒絕則會產生壞印象。

切記，當團隊出現額外的工作時，我們一定要主動承擔下來；當團隊遇到突發的問題時，我們也要盡量找到解決辦法。這不僅是為了在主管面前「刷存在感」，而且是鍛鍊能力、增長見識、累積經驗、發揮價值的絕佳機會。

(2) 大膽諫言，創造影響力。職場工作永遠離不開各式各樣的會議，週會、月會、年會；小組會、團隊會、員工大會……但不可否認的是，這些會議大多都無法與「氣氛活躍」相關聯，職場會議大多是會議主持人的「一言堂」，與會人員則好像課堂裡的小學生 ——「安靜聽講」。

這其實與開會的初衷相去甚遠，如果只是一個人在會上作出指示，那不如直接群發郵件。之所以採取開會的形式，就是為了在員工的相互交流中，強化工作氛圍並集思廣益。

因此，面對開不完的會，我們不妨拋掉「浪費時間」的想法，大膽地表達心中的想法、參與到其中。當主持人問「有什麼問題、想法、建議、意見」時，不要再默不作聲，舉手表達你的想法。

會議是表現自己的最佳場合。在這裡大膽諫言能夠吸引大量的關注，但要注意的是，職場不是娛樂圈，想要在職場創造影響力，只靠「曝光

率」遠遠不夠。

我們需要提出有價值的問題、建議，如此一來，同事、主管才能認識到你的能力，而能力才是成為企業「網紅」的基石。否則，所謂大膽發言就真的只是「冒泡」，毫無價值，甚至引起反感。

（3）樂於助人，提升聯結力。相比於社會大環境，職場關係因為利益衝突往往更加複雜。但我們卻不可能擺脫與同事的連繫，這種連繫當然也並非簡單的對立關係，而是競爭與合作並存的關係 —— 想要掌握好其中的尺度並非易事。

但是，任何人想在職場創造成就、發揮價值，都需要團隊的支持，若沒有企業的資源、同事的合作，我們的付出沒有任何價值。因此，與其把所有同事看作競爭者，秉持「事不關己高高掛起」的態度，不如在能幫的時候主動給予幫助，從而提升自己的聯結力。

如此一來，基於同事和團隊的認可，我們的付出才能發揮出應有的價值，並在恰當的時機，轉變為職位、薪資的提升，為我們創造更多價值奠定基礎。

—— 06 ——
人生 900 格自測

　　人的一生不過 900 個小格子，當我們在 A4 紙或 Excel 裡畫下這 900 個格子時，我們就能清晰地看到自己已經度過的人生以及剩餘的時間。

　　如果你初入社會，年齡不過 25 歲，那你的人生 900 格則如圖 6-4 所示。

　　如果你的父母已經 50 歲，那他們的人生 900 格則如圖 6-5 所示。

　　當我們的人生一天天地過去時，我們總是認為未來還很遙遠，似乎人生永遠不會有盡頭。但是當這 900 個小格子呈現在我們眼前時，我們才會清晰地認知到，所謂人生漫漫終究應是人生苦短。

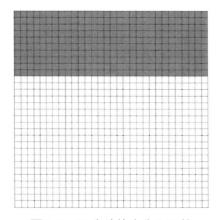
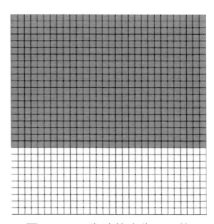

圖 6-4　25 歲時的人生 900 格　　　　圖 6-5　50 歲時的人生 900 格

　　有一位哈佛大學的學生入學第一年就感到學習十分緊張，學校安排的各項學習任務幾乎已經超過他的極限。正當他為此苦惱不已時，有學長告訴他，學校之所以如此安排就是為了儘早鍛鍊學生的時間管理能力。

面對幾乎超過極限的任務安排，如果學生能夠學會透過時間管理解決問題，那這種關於時間管理的能力也將為他之後的學業鋪平道路，甚至讓學生受用終身。

哈佛大學是一個群英薈萃的院校，這裡總是會誕生各式各樣的能人。有的人在學業上是學霸，在課堂上的發言頗有品質，還能在學校組織各種學習活動，並參加每一場商學院派對；有的人則扮演著多重身分，他們不僅是學霸，同樣是混跡倫敦金融圈的融資高手，或是美國人氣樂隊的鼓手，或是車庫裡的發明家。

在人生的 900 格裡，有的人在 20 歲時創造的成就，就已經超過了別人的一生。而要說其中有什麼祕訣的話，那有一個共同的答案就是時間管理。

時間沒有暫停鍵，每一分、每一秒都被我們的行為所填充，而人們不同的行為則會帶來不同的結果和人生。時間管理就是為了解決這一的問題，就是要讓人生的每一個小格子都充滿意義。

其實，時間管理並沒有想像中的那麼難，說到底，所謂時間管理其實是對事情的管理，即自我行為的管理，是在時間管理的理念指導下，透過有效處理各類事務實現效率提升，進而達到個人生活及工作狀態的改變和提升。

我們要管理好自己的時間，只需要關注事件的兩大屬性，即重要性以及緊急性。正是根據這兩大屬性，在新一代的時間管理理論中，時間管理的優先矩陣成為時間管理的基本工具，如圖 6-6 所示。

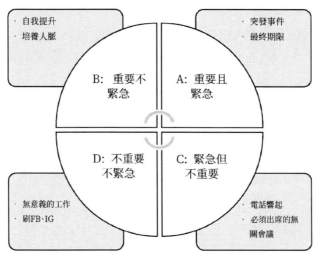

圖 6-6　時間管理優先矩陣

　　為了便於敘述，我們可以將這四類象限按順序分為 A、B、C、D 四類事件，A 為重要且緊急事件，B 為重要不緊急事件，C 為緊急但不重要事件，D 為不重要不緊急事件。

　　基於時間管理理論，人生 900 格自測，其實就是測試自己能否正確處理生活中的各類事情，讓時間發揮最大的效率、創造最大的價值。

　　比如，當我們需要在上午處理以下工作時，要如何決定孰先孰後呢？（1）到餐廳訂餐，並檢查環境、設施；（2）打電話給甲公司的甲約定晚餐安排；（3）編寫寄給乙公司的電子郵件；（4）列印工作報告；（5）安排老闆的一場客戶見面；（6）打電話給同學丙；（7）報銷費用。

　　如此繁多的事情常常讓人感到無從下手，但如果運用時間管理的優先矩陣，我們就能在 10 分鐘之內輕鬆安排好這半天的工作。按照重要性和緊急性對這些事情進行劃分時，我們會發現，A 類事件有（5）、（3），B 類事件有（7）、（4），C 類事件有（1）、（2），而（6）則屬於 D 類事件。因此，

我們可以依照 (5)、(3)、(7)、(4)、(1)、(2)、(6) 的順序處理這些事件，而不必陷入不知所措的境地。

但在工作與生活中，很多人卻容易在這四類事件的處理上走向極端，對此，我們也要實時自省。

(1) A 類事情 —— 壓力人。A 類事情是指緊急性和重要性都很高的事，當遇到這類事情時，我們應該將其作為最優先事情，盡快進行處理。而壓力人則表現出了頗為極端的一面，在他們看來，所有事情都是極為重要且緊急的。

壓力人的時間總是顯得很緊張，他們總是有很多事情需要去做，想讓他們休息下來實在是困難之極。每當壓力人遇到一件事時，他們都會迫不及待地完成，也因此，壓力人的生活節奏很快。可在一天結束的時候，他們常常會發現，明明自己已經做了很多事，可還有那麼多的事需要完成。這樣的生活不僅讓壓力人活得疲憊，也會讓身邊的人感到無所適從，他們會害怕耽誤、「浪費」壓力人的時間。

對於壓力人而言，一張按照重要性排列的清單是絕對必要的，只有列出了這樣一張清單，壓力人才不至於在不斷出現的各種事情中迷失了方向，浪費了時間。

(2) B 類事情 —— 從容人。B 類事情是指一些重要但不緊急的事情，從容人則深刻地認識到了重要性與緊急性的區別，能夠將自己的時間更多地投入到重要而不緊急的事情之中，這樣事到臨頭的時候，他們才能顯得從容不迫。

從容人知道哪些事情是重要的，因此，他們會早早安排好自己的時間規劃，確保自己的工作、學習不會被不重要的事情干擾。

但從容人卻可能會忽視緊急事項的處理，因此，對從容人來說，一張時間規劃表是必不可少的，他們需要對那些緊急事項及時處理，以免沉浸在重要事情中耽誤了緊急事件。

如果我們能夠把需要處理的事情按照重要性和緊急性進行排列，一旦養成習慣，成為時間的掌控者也指日可待！人生需要在自我實現中獲得自我滿足，而目標實現所需的那些事情才是最重要的，其他的任何事情都可以「靠邊站」。

（3）C 類事情 —— 無用人。那些緊急但不重要的事情被劃分為 C 類事情，我們的生活與工作中存在大量的 C 類事情，但如果有人把時間都耗費在了這些事情之上，坦率地說，這種人就是「無用人」的代表！

「我都計劃好了要做什麼，可總是有些事情打擾我。」對於很多初學時間管理的人來說，他們總是會產生這樣的抱怨。確實，生活中有太多的事情需要及時處理，有時我們不得不放下手頭的事情優先處理這些緊急事情。

正是因此，我們往往並非沒時間可用，而是沒有將時間用在重要的事情上。

於是，我們的時間消耗了、目標卻沒有實現，我們成為時間管理矩陣中「無用人」的代表。時間是最公平、最可貴的財富，有的人的時間很廉價，開開會、打打電話就過去了，有的人的時間卻在持續為其創造價值，帶來滿足。

（4）D 類事情 —— 懶惰人。D 類事情既不重要，也不緊急，但往往會讓我們沉淪其中、無法自拔。玩遊戲、看電視劇、看小說，這些都能讓我們獲得一種心靈上的愉悅，但要說它們有多重要、多緊急 —— 除非我

們從事的是產業相關的工作。因此，將時間都浪費在 D 類事情上的人，必然是「懶惰人」的一員！

我們常常會說一個人很懶：「就知道玩遊戲、上網、看小說。」但他們卻也有自己的辯解：「休息是為了走更長遠的路。」在時間管理中，我們從來不曾否認休息的重要性，但當「懶惰人」說完「讓我休息一會，上一下網、看一下電視」之後，他們就躺在床上安心地睡覺了，至於有什麼事要處理的，「明天再說吧」……

我們知道，每個人都有惰性，正是因為這樣的惰性，D 類事情雖然既不重要，也不緊急，卻往往耗費了大量的時間。人的惰性在於對辛苦、失敗的恐懼，在於對自己的放縱，於是，我們開始做一些不重要、不緊急的事情，它們既不辛苦，也沒有失敗可言，我們安逸於此，卻一事無成。

如果不想成為一事無成的「懶惰人」，我們就必須放棄那些不重要、不緊急的事，以實際的行動、有限的時間，去擁抱無限的可能與未來。

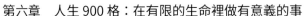

—— 07 ——
「幸運」的祕密

夢瑩於 2015 年 10 月底正式加入我司，從一個基層員工成為現在的輔導中心總經理。一路走來，很多人羨慕夢瑩的幸運和順利，羨慕公司領導對她的栽培和指導，羨慕公司夥伴對她的支持。

但在這份「幸運」的背後，夢瑩卻有自己的感悟，在公司的生涯也被她劃為了三個階段。

第一段：入職時的銷售之路。

剛進來時，夢瑩面試的職位是主持人，可入職後，公司卻說要從業務做起，只有第一個月開出 5 個會員才可以轉正。此時，如果是你，你會怎麼做？

夢瑩大學畢業後就一直從事業務工作，之所以來公司卻正是因為不想再做業務，只想做主持。但幸運的是，面試夢瑩的是我司的優秀導師 —— 袁老師，正是在與袁老師的溝通中，夢瑩相信，在這家公司能夠讓她成長、學到東西 —— 即使那時公司還沒有完善的培訓體系。但是，憑藉之前的業務功底及人脈資源，夢瑩得以順利在一個月內轉正。因此，夢瑩總是認為現在入職的夥伴們很幸運，因為今天的公司有完善的培訓體系，而大家要作的就是朝著目標行動起來。

第二段：轉正後的主持之路。

順利轉正之後，夢瑩以為自己終於可以專心做主持工作了，但公司又安排她做袁老師的助理兼主持，而且薪資不變。在協助袁老師管理團隊的

同時，夢瑩每次一場主持只能拿到幾百元的補助。對此，夢瑩欣然接受，因為她認準了袁老師的才華，認為他值得自己跟隨。然而，漫長的助理工作，卻讓夢瑩根本沒有機會去做主持，這漫漫無期的等待，真可以用「煎熬」來形容⋯⋯就這樣堅持了一年，拿著微薄的收入，面對生活的壓力，夢瑩一度產生放棄的想法，還好她堅持了下來。

直到 2017 年，夢瑩終於正式開始主持，但科班出身的她仍然顯得措手不及。因為對公司的主持人而言，主持只是最基本的技能，同時還要負責現場的所有人員統籌管理、現場營運、裝置跟進等，只要課程現場要做的都與主持有關，主持的責任就是能讓課程順利並成功地舉行。一次次地犯錯讓夢瑩頗受打擊。但她頂住壓力，調整好狀態，繼續投入到工作中去。

「幸運」的夢瑩堅持了下來，這當然離不開她的貴人 —— 袁老師。袁老師的指引和教導，當然還有嚴厲的批評與教育，成就了現在的夢瑩。這就是夢瑩的第二段經歷 —— 主持之路。

第三段：正在進行時的導師及總經理之路。

在成為導師之前，有人曾對夢瑩說：「夢瑩，我們公司一直在說培養導師，可卻一直停留在說的層面，這樣下去導師之路遙遙無期啊。」還好「幸運」的夢瑩對此也只是聽聽而已。

一段時間後，公司開始安排夢瑩來講課，夢瑩當時的內心既有驚喜，又有壓力。「我真的可以嗎？」當時身邊很多人也都發出這樣的質疑：「妳真的可以嗎？主持和講課可是不一樣的。」

但在夢瑩看來，別人越是不相信，她就越要做給他們看。夢瑩當時就下定決心，不僅要講，而且要講好！

跟著袁老師學習、累積下的經驗，加上自己的主持經驗和功底，以及公司主管的信任，這些成為夢瑩踏上講師之路的重要基石。即使如此，原本公司在 2019 年初就安排夢瑩講課，但她卻一直告訴自己要先好好磨刀，不講則已，只要講就必須成功。直到 2019 年底，夢瑩一直都在沉澱和累積，在對課程的不斷打磨中，夢瑩建立了輔導中心系統體系和流程，讓輔導中心成為課程輔導體系最完善的部門。2020 年年初，突如其來的新冠肺炎疫情帶給公司巨大的挑戰，3 月，有個客戶非常著急，並且想要退款，這時夢瑩抓住機會、迎難而上，由此邁出了講課的第一步。

　　時至今日，夢瑩不僅講課程，還開設了課程，客戶滿意度 100%。很多客戶甚至追問下一期的舉辦時間，想帶著身邊人過來一起聽。

　　這些看似一帆風順、「幸運」的經歷，都離不開夢瑩的努力付出。她認為，不要總是抱怨沒有路，路是靠自己走出來的，機會是靠自己爭取的，抱怨沒有任何用，唯有努力才能獲得自己想要的人生。

08
人生是不斷修練的過程

　　1993 年出生的超群是 2015 年加入我司的老員工之一，經過五年多的奮鬥，他已經成為集團分公司總經理。

　　2015 年 7 月，超群正處於大三升大四的階段，深感就業壓力大的他，帶著夢想獨自到外縣市打拚，他當時的目標很簡單 —— 改變命運。超群與公司結緣，於 2015 年 7 月 15 日正式入職。那時公司人還很少，很多方面都不夠完善，但是超群的目標卻很明確：努力提升自己，成為像其他老師那樣的資深顧問。

　　從此開始，超群每天起早貪黑，大量拜訪客戶，從入職第一個月開始，連續 22 個月保持每個月開單的狀態。2016 年 7 月大學畢業後，超群於同年 8 月 8 日晉升主管，帶領六個人小組。

　　2017 年 5 月 1 日，超群被委派到集團第一家直營分公司，正式擔任分公司行銷副總。超群深知責任重大，因此加倍努力。到 2017 年底，分公司平穩度過初創期，並在半年多的時間裡實現業績 1,003 萬元。其中，超群個人就貢獻了將近 700 萬元的業績。在當年年會上，憑藉突出業績，超群更是斬獲最佳效益獎等五大獎項。

　　2018 年初，超群晉升為分公司總經理，但到了下半年由於母親病重，超群不得不暫時脫離職位，回家照顧母親。沒想到，才離開半年時間，分公司業績就出現明顯下滑。2019 年初，帶著滿滿的決心和信心，超群重新回歸工作職位。在公司全體員工的共同努力下，年度業績突破 1,700 萬

元，重新奪得分公司業績第一名。

在回顧擔任分公司總經理將近三年的感受時，超群深刻認識到，人生就是一個不斷修練的過程！他非常慶幸自己加入這樣一個平臺，充滿正能量、打拚、感恩、上進與夢想，在追尋夢想的同時能夠讓自己變得更有價值。

第七章
文化是行動：打造企業文化

　　一個企業就如一部機器，而這部機器則主要由兩組部件構成，即文化與人。文化不僅是思維，更需要在行動中打造完成。對企業而言，優秀的文化不僅能推動各項問題的妥善解決，更可以在企業內部營造一個充滿想像力和創造力的工作氛圍；也正是在這樣的環境下，人才才能充分發揮其品格及能力，將熱情與工作合而為一，並與志同道合者一同成就偉大事業。

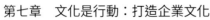

01
什麼樣的企業文化是良好的文化

　　企業文化對於企業營運的重要性已經無須贅述，但文化本身就是一個相容並包的概念。在著力打造企業文化之前，企業大多會陷入一個難題：究竟怎樣的企業文化才是良好的文化？

　　從創始人創立開始，在企業前進的每一步中，企業文化都在逐漸積澱並最終形成。在這個過程中，企業的任何成員都難以發揮決定性的作用，只有得到全體成員的接受並實踐，相應的文化才能形成，而企業創始人或管理者在其中能發揮的僅僅是引導作用而已。

　　當一個組織的所有事情都圍繞一個統一的基準原則展開時，團隊的統一性就越來越強，溝通效率就越來越高，企業文化也就由此形成。

1. 關於企業文化的兩個失誤

　　基於企業文化的複雜性、多元性，在談論何謂良好的企業文化之前，企業首先要認清企業文化的失誤，避免打造出不好的企業文化。

　　（1）虛偽不走心的企業文化。在實踐中，我們經常能夠看到這樣的現象：企業的牆上掛著大量的口號；每天的晨會上全體員工都要唱歌；每到季末或年末，員工則要寫工作彙總，並開大會作分享……每天重複地灌輸企業文化，但最終卻毫無效果 —— 因為在員工看來，這樣的企業文化實在虛偽，打造企業文化的方法也根本不走心。

　　企業文化是企業管理的潤滑油，但虛偽的企業文化卻根本無法迎合企業發展和員工成長的需求，甚至在借鑑而來的口號與司歌中，連企業創始

人和管理者都未曾認可，那這些所謂企業文化自然不可能發揮作用。

企業文化必須遠離虛偽和不走心，只有創始人和管理者發自內心相信的東西，才有可能贏得全體成員的認可，並最終發揮應有的效用。

（2）自娛自樂的企業文化。企業文化並非一個小圈子自娛自樂的文化，而是有其明確目的性的，是與目標業務及客戶緊密相關的，只有在這樣的企業文化中，企業才能持續為目標客戶創造價值，並實現自身的持續發展和盈利。

在一個新創企業中，三五志同道合的好友之間，很容易形成一致的企業文化，大家相互合作、愉快工作。但這樣的文化是否能夠贏得目標客戶的認可呢？

在企業提供的所有產品和服務之中，都深深地烙印上了企業文化的特徵。如果企業文化只是創始人的自娛自樂，卻與企業業務、策略無關，由此而生的產品和服務也就不可能推動企業業務和策略的發展。

2. 工作原則應與成員生活原則相契合

如果將企業文化理解為企業發展所需的工作原則，那麼，一個良好的企業文化就必須確保，其工作原則與企業成員的生活原則相互契合、保持一致，尤其是在企業營運的核心事項上 —— 職位工作及團隊合作。

在一個良好的企業文化下，企業成員將感受到工作原則和生活原則的一致性，這就意味著，他們完全無須改變、調整或隱藏自己習慣的生活原則，即可快速融入企業的工作氛圍當中，並與其他成員和諧相處、協同合作。

相反，如果企業的工作原則與成員生活原則相背離，這種衝突就會影響成員的工作狀態，使成員陷入困惑。比如熱衷育人的教師與只顧營利的

培訓機構，或是堅持努力的員工與只看風口的投機企業。

工作原則並非「顧客至上」、「爭做龍頭」這樣的標語口號，而是一種具體的闡述、完整的指南，每個企業成員都能看懂、遵循和踐行。

舉例而言，在全體成員與企業都共同遵循的「幸福」目標下，一個「幸福企業」的企業文化就可以融入「加減乘除」四大原則。

（1）「加」幸福範疇。領導者應在企業內部樹立這樣一種理念——「幸福就是讓每個人都擁有幸福」，在追求幸福的過程中，不存在「讓先幸福的人帶動後幸福的人」，企業的幸福基於內部每個人的幸福，而企業成員的幸福也會相互影響。如果要給企業的幸福打分，那這個分數就是企業所有成員幸福指數的平均數。

（2）「減」幸福干預。在追求幸福的過程中，必然存在各種艱難險阻。此時，有些領導者則會「出於好心」急於幫員工排除阻礙。然而，幸福領導力的關鍵在於引導員工的自我管理，做得越多，效果反而越差。領導者應減少對員工幸福的強制干預，只做自己應該做的事，不要因為所謂「溺愛」，讓員工無法長出飛往幸福的翅膀。

（3）「乘」幸福文化。幸福感的重要來源就是企業文化和價值觀，如今，能夠賺錢的企業很多，但能夠讓人開心工作的企業卻很少。在賦予員工「幸福驅動力」的過程中，最重要的手段就是培育企業幸福文化，形成和諧、積極的文化氛圍。讓員工在相互激勵中，在對企業文化和價值觀的認同中，找到歸屬感，感受到「家的幸福」。

（4）「除」消極心態。企業文化是一種外部感染力，然而，縱使周圍所有人都說著「你可以」，而員工自己內心則堅持「我不行」，那也會事倍功半。事實上，很多人都因為對未來的不確定，而產生這種消極心態。因

此，領導者也需要引導員工建立自信心，透過溝通消除員工的消極心態。

在關於工作原則與生活原則的契合，或者關於幸福工作與幸福生活的問題上，企業文化要做的就是引導員工從事有意義的工作，實現自己的價值，並建立有意義的人際關係，感受到真心與關愛。

02
塑造熱情、踏實、努力、持之以恆的工作文化

　　企業作為一個組織的核心內涵就是工作，因此，企業文化的打造首先也落腳於工作文化。事實上，很多企業理解的企業文化其實也只是工作文化而已。

　　作為企業文化的重要組成部分，工作文化的塑造則需要基於企業對員工工作方式、工作能力的需求。一般而言，熱情、踏實、努力、持之以恆是企業必需的工作文化，因為在這樣的工作文化下，員工也將朝著某個方向，熱情飽滿地堅定前行，直至達成目標為止——而這個目標正是企業文化中的願景。

　　願景是人們嚮往的一個前景。作為一個前進目標，願景不像信仰那樣難以塑造和統一，也不像計畫那樣缺乏主動性和時效性。員工的工作需要意義和意願，這是塑造工作文化的邏輯原點，也是願景的意義所在。

　　在企業願景的描述中，企業的明天也是員工的希望，員工的發展也將造就企業的輝煌。在創始人、管理層與員工的共同努力中，企業所有成員都將在願景的號召下，向著新的征程一起出發。

　　想要依靠願景塑造工作文化，企業就要先從員工的角度進行思考：在員工看來，自己的工作意義在哪呢？首先是滿足自身的生存需求，其次是滿足自我實現的需求。畢竟，能夠賺錢的企業很多，產業內的薪資差別也不會很大，他們之所以仍然留在某家企業，並非因為「習慣了」，而是因為這裡能夠為其提供更大的發展空間。換句話說，他們認可企業的願景，

認為企業的明天就是自己想要的明天。

　　企業需要明白的是，所謂願景雖然是對企業發展目標的描繪，但事實上，願景卻是在為員工的工作建構意義和意願感。

　　在日常工作的各個環節中，管理者經常會提及關於願景的內容，但可能他們自己都沒有意識到這一點。比如在面試時，面試官都會談及企業的發展前景；比如在年初員工大會上，老闆都會談及今年的年度目標……這些其實都是對願景的一種描述。管理者之所以沒有意識到，正是因為，他們只是隨口一說；而在員工看來，這樣缺乏細節描述的願景，則等同於「畫大餅」。因此，願景造成的作用也微乎其微。

1. 建構工作意義、增強意願感

　　只有從事一份有意義且有意願的工作時，員工的熱情才會被充分激發，他們才會在企業描述的發展道路上踏實努力、持之以恆。因此，企業的工作文化就需要為員工建構意義、增強意願感，這就需要管理者在與員工的溝通中引導形成（見圖 7-1）。

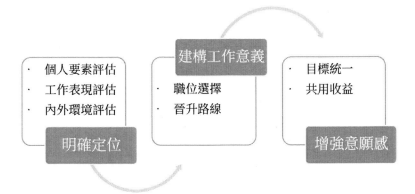

圖 7-1　企業工作文化的作用

（1）明確定位。對不同員工而言，其在工作中需要的意義和意願感也有所區別。因此，管理者首先要幫助員工進行自我定位，這就需要一次全面的員工評估。

①個人要素評估。性格決定成敗，心態決定命運。在個人要素評估中，員工要對自身的能力、興趣、性格等個人要素有一個明確的認識。其中，工作能力決定了自身完成任務和學習成長的能力，興趣愛好決定了自己能夠付出的熱情，性格特長則決定了自身與職位的匹配程度。

②工作表現評估。個人要素雖然會限制員工的前進方向和距離，但這並不能直接決定員工的工作表現。在實際工作中，很多員工明明個人能力很強，工作表現卻差強人意；相反，有些性格木訥的業務員，在與客戶溝通時卻能侃侃而談。理論需要與實踐相結合，員工的自我評估也要充分考慮實際的工作表現。

③內外環境評估。環境對個人的表現與成長都會產生很大的影響，諸如團隊關係、企業氛圍、市場環境、社會環境等外部因素，都會直接影響到員工的需求。因此，在自我評估中，也需要對企業內外部環境進行評估。

（2）建構工作意義。在企業的有序營運中，任何一環都不能脫節。高高在上的管理者，離不開基層員工；衣著光鮮的白領們，也需要辛苦工作的清潔阿姨……管理者必須要讓員工明白，雖然每個員工所處職位不同，但都是企業不可或缺的一部分。

①職位選擇。員工的職位大多是他們主動投遞履歷而來，但這並不意味著，這就是他們夢想中的職位，或許只是因為這份工作的薪資不錯，或許他們也未曾充分認識這個職位的價值。因此，企業不妨設定輪調制度，

並明確每個職位在企業中所處的位置及其權利義務等資訊，讓員工可以作出更加符合自身需求的選擇。

②晉升路線。沒有員工想要一輩子都在基層做個「小嘍囉」，每個員工都有晉升需求，但企業的晉升機制要避免晉升路線的單一性。很多企業的晉升機制都很簡單，那就是在管理線上不斷往上爬，從基層管理到中層管理，乃至高層管理。但除此之外，很多員工其實希望獲得技術類的晉升，透過增強工作技能成為技術性人才，因此，企業還應根據自身情況設定專業線、創新線等晉升路線。

全心地投入到工作中去，主動增強自身工作技能，並積極為企業發展出謀劃策。因為員工明白，這既是為了企業的明天，也是遵循自身的意願。

2. 企業願景絕非一個美麗的「大餅」

在關於企業願景的設定中，我們必須要做到：企業的明天就是員工的希望。

企業與員工是相輔相成的關係，企業依靠員工而發展壯大，員工也因為企業而實現價值 —— 只有在這樣的關係下，企業才能為員工的工作建構出非凡的意義和強烈的意願感。

然而，很多企業描繪的願景卻就如「畫餅」，這不僅無法得到員工的認可，反而會被認為是「虛偽」。其實，在以企業願景塑造工作文化時，企業確實是在畫一幅美麗的藍圖，但透過企業與員工的共同努力，這張圖紙卻完全能夠變成現實。

（1）讓願景更加可信。企業必須讓員工真正相信願景，如此才能完成工作文化的塑造，這就需要注重願景的清晰化、平衡性和唯一性。

①願景清晰化。對願景的描述一定要做到清晰明確，企業甚至可以為之作出一份「可行性報告」，讓員工明白：企業的願景是什麼？企業的願景是否可以實現？更為重要的是，企業的願景是否與員工的追求相符？透過這樣的清晰描述，讓員工在自主判斷中清楚認知願景。

②願景平衡性。願景是一個遠大的目標，需要企業所有成員的共同努力，但也因為這個目標有些遠大，其實現過程必然較為漫長和艱難，員工很可能失去耐心或信心。因此，在提出願景之後，企業要作的就是不斷提醒員工：願景就在那，我們到哪了、我們快到哪了。從而不斷激勵員工前行，讓員工知道，自己的努力正在發揮效用。

③願景唯一性。在對願景進行描述時，企業各級管理者都要保持謹慎和嚴肅的態度。因為，願景是具有唯一性的，如果企業有很多願景，甚至還會頻繁變更，那這個所謂願景就真的是在「畫大餅」。願景是企業發展與員工追求的統一，稍加更改都可能讓願景脫離員工的追求，因此，企業一定要綜合考量之後，再對願景作出描述，並在修改調整時保持謹慎、充分溝通。

(2) 讓願景切實可行。願景的實現是一個長期的過程，需要每個企業成員的熱情、踏實、努力和持之以恆。但無論如何，遠期目標總會讓人感覺遙遠，而不知眼下該如何踏實努力，甚至對願景的實現產生懷疑。因此，企業在維護工作文化時，就要讓願景切實可行。

①目標要具體。企業應明確在每個階段應達成怎樣的目標。這個目標並不能像總體目標一樣籠統，而應該盡量作到量化。如此一來，在具體的階段性目標的指引下，企業就可以制定出相應的工作計畫，員工也可以在工作中有明確的目標感。

②階段要明確。通常來說，對階段的設定可以按照曆法時間進行，比如年度、季度或是月度。個別公司也可能有其他劃分方法，但要注意的是，要避免階段時間過短。只有在較長階段時間內，員工才擁有更大的發揮空間，發揮其主觀能動性。

③及時獎懲。階段性目標一旦設立，企業就要在每個階段結束後對員工業績進行考核，並據此進行獎懲。對於圓滿或超額完成目標的員工，應給予獎勵；而對於沒有完成目標的員工，要幫助其完善工作計畫；對於業績與目標相差太多的員工，則要適當給予懲罰。

④民主決策制。企業、管理者和員工處於一個「大家庭」中，願景則是大家共同的目標，因此，企業的工作文化中必須包含民主這一內涵。無論是目標、制度的制定，還是職權的分工明確，或是考核制度，都應進行民主決策，綜合考量員工的建議和意見。

03
打造求真和匠心的產品文化

時至今日，隨著同質化競爭的不斷加劇，任何產品都已經很難依靠單一功能贏得市場，此時，我們只能透過求真和匠心，不斷打磨產品的各個細節，透過做到極致的產品來建立市場口碑。

在文化領域卻有一個獨特的現象，任何詞彙、概念如果被頻繁提及，似乎就失去了其文化作用，人們則開始不願提起甚至不願相信。求真和匠心也同樣如此，在市場節奏持續加快的當下，過去不過兩三年，很多曾追捧匠心文化的人卻不願再細心地打磨產品，而急切地希望透過某一款產品獲得快速成功，一旦失敗則快速切換賽道重新嘗試。

事實上，我曾服務過的一家品牌，其創始人就是因為學會了對匠心的堅持、對學習的熱愛，而做大做強了。該品牌是一家具有產業影響力的護膚品牌，創始人在接觸我司之前，企業做得也不錯，但沒有好的人才和模式，實現規模化發展。因為地處郊區，一些人才往往不願意過來，都覺得企業的發展前景小。創始人在接觸我司之後，與我司深度連結，堅定了對求真和匠心的信念。

該創始人一直都相信，產品研發並非一朝一夕可以完成，必須在持續優化和疊代中，才能為更多客戶帶來成果，進而成就員工、成就企業。

在我們的輔導下，創始人決心繼續堅定前行，向著「成為世界護膚品牌，做健康肌膚的守護者」的願景努力。在這樣的堅持中，很多人才都願意加入其團隊，品牌的發展進入了幾何式的增長，擴展門市兩百家以上。

也因為有了清晰的願景，大家都明白品牌未來將是一家世界級的企業，而非「地區第一」，他要做的很簡單 —— 就是「世界品牌」。

　　求真與匠心、信念與堅持，正是這些幫助護膚品牌吸引到頂尖人才，為走向世界奠定了基礎。

1. 相信求真和匠心

　　無論經濟如何發展，市場如何變化，求真和匠心其實都是企業成功的關鍵。

　　企業營運就是要了解市場和產品的真相，並找出其間的共性，設計並推出符合市場真實需求的產品。這一過程就是企業營運的核心，無論它被稱作求真、匠心還是其他。

　　求真之所以被很多企業排斥，並非因為求真無效，而是因為他們害怕求真，害怕面對事實。正如一個病人，他很可能會害怕醫生出具的診斷報告，害怕診斷報告顯示他患有癌症或其他致命疾病，很多企業同樣會存在這種恐懼，害怕在了解真相之後發現企業已經病入膏肓。

　　然而，病人只有在了解病症之後才能尋找合適的治療方案，企業也只有在了解真相之後才能制定有效的營運方案。如果沒有求真，那我們如何進行科學決策？如果沒有匠心，企業又如何砥礪前行？

2. 打造求真的產品文化

　　求真和匠心是企業保持持續發展的重要素養，只有如此，我們才能不斷打磨產品，持續滿足客戶需求。因此，我們在打造企業文化時，就必須打造相信求真和匠心的產品文化。

　　為此，企業必須營造一種求真的氛圍，讓企業成員有權了解事實，且

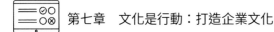

必須表示認可或表達異議。

在企業營運中總會出現這樣的現象，當管理者公布某一事情時，或公開徵集意見、共同商討方案時，沒有人表達意見或異議。但當真正執行時，卻總有很多人私下表達不滿，或是陽奉陰違、消極執行。

開誠布公不僅是企業成員的一種權利，更是一種責任。尤其是在求真的產品文化下，任何隱瞞或過濾都將成為產品程式中的一種隱患。因此，在打造求真的產品文化時，企業儘可以作到極致，要求每個成員盡情表達觀點並對觀點負責，在絕對的開誠布公中達成一致，即使無法達成一致也要理解彼此立場並明確解決分歧的辦法。

3. 打造匠心的產品文化

匠心是一種蘊藏於每個人內心深處的一種精神，是一種關於細緻、極致的精神。在產品文化的打造中，與求真相比，匠心看似無著處，但其實同樣有跡可循，企業可以從「守、破、離」三個層面打造企業的匠心。

(1) 守：長久堅守。匠心之所以開始被潮流拋棄，正是因為很多人無法做到長久堅守這一基本要求。很多人都知道「一萬小時定律」，知道 1 萬小時的錘鍊是從平凡變成大師的必要條件，但真正能夠撐過這 1 萬小時的卻寥寥無幾。為此，企業在打造匠心的產品文化時，就要從長久堅守出發，避免過多的短期 KPI 使員工不得不放棄關注長遠收益。

(2) 破：完善突破。匠心並不意味著對古老產品的固執堅守，企業當然可以追隨風口以享受風口的紅利，但如一位藝術家所說：「學我者生，似我者死。」盲目地模仿或追隨，只會讓企業陷入絕境。匠心需要堅守，但更需要在堅守中突破，揚前人所長而補其短，在推陳出新中別開生面；即使企業透過搶占風口獲得了先機，也要在持續地疊代中保持優勢，搶占

使用者心智。

（3）離：顛覆創新。同質化的惡性競爭、產業龍頭的壟斷，在很多企業眼中是「遍地都是紅海、處處都是死路」。但正是在這種局面下，我們更要依靠匠心文化的累積，在顛覆式創新中實現提升。為此，企業則要鼓勵「異想天開」，包容「離經叛道」，為顛覆式創新營造優良的土壤。

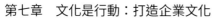

04
建立寬容、上進、謙虛、坦誠的人際關係

在良好的企業文化下，每個人員都能做有意義的工作，發展有意義的人際關係。其中，有意義的人際關係對於企業文化的打造而言尤為重要，因為只有在成員間的信任和支持下，企業文化才有可能形成，並推動偉大事業的成功。

橋水基金是世界頭號避險基金。且不談橋水基金在金融方面的突出成績，只說其獨特的企業文化，我們則更能理解何謂有意義的人際關係。

在橋水基金的企業文化中，有大量的篇幅是關於人際關係的打造，其中有這樣幾個要點值得借鑑。

（1）為人要正直，也要求他人保持正直。如果不想當面議論別人，背地裡也不要說，如果要批評別人就當面指出來；不要因為忠誠某個人而阻礙追求事實或機構利益。

（2）要保持極度透明，讓員工了解情況，並利用所有員工的智慧和洞察力尋找解決之道。透過透明實現正義；分享最難分享的事情；把極度透明的例外事情減到最少；確保獲得資訊的員工明白管理好資訊的責任；注意保護敏感資訊。

（3）對人際交往要一清二楚，明白什麼是慷慨，什麼是公平，哪些是占便宜。

確保員工更多地體貼他人，而非索取；確保人人都理解公平合理與慷慨大方的區別。

（4）機構規模過大會對有意義的人際關係構成威脅，企業要珍視誠實、專業、表裡如一的員工。

很多人將橋水基金的企業文化和管理方式形容為「瘋狂」，但橋水基金創始人瑞・達利歐（Ray Dalio）卻在《原則：生活和工作》（*Principles: Life and Work*）一書中坦率地給出了反問：請想一想，以下究竟哪種方法瘋狂，哪種方法明智？

（1）使人都追求事實和公開透明的方法，還是使多數人把真實想法隱藏在心底的方法？

（2）把問題、錯誤、弱點、分歧都擺到桌面上認真討論的方法，還是不把問題直接擺明也不進行討論的方法？

（3）不論等級任何人都有權提出批評的方法，還是以自上而下為主的批評方法？

（4）透過大量數據和廣泛人際交往對人進行客觀評價的方法，還是更隨意地評價人的方法？

（5）推動機構追求高標準，從而從事有意義的工作、發展有意義的人際關係的方法，還是區別對待工作品質和人際關係，而且標準不高的方法？

你認為哪種機構能為員工創造更好的發展機會，讓彼此建立更深層次的人際關係，產生更好的業績？你願意你所在的機構和領導者採用哪種方法？你希望執掌政府的人遵循哪種方法？

如果一個組織中的絕大多數人都希望追求卓越，那他們就會付諸行動，並在相互合作中形成更好的人際關係和更佳的工作業績。而為了營造相應的文化土壤，企業文化就要注重打造寬容、上進、謙虛、坦誠的人際關係。

1. 既非團隊，也非家庭，而是家族

在形容企業內的人際關係時，很多人會將之形容為團隊關係或家庭關係。前者考量成員的貢獻和團隊的能力，後者則意味著無條件的愛和永恆的關係。

但在企業營運實踐中，我們卻能感受到兩者的不足。團隊關係過於片面地強調工作合作關係，但隨著企業規模的擴大，部門或團隊間容易因利益衝突形成壁壘，溝通管道也因此難以保持暢通；家庭關係則更容易讓企業陷入尷尬，不夠徹底的家庭關係會使企業文化顯得虛偽，而徹底的家庭關係又可能損害企業利益。

相比於團隊或家庭關係，企業文化在打造企業內人際關係時，更應從家族關係出發，以家族企業的思維進行營運。因為在一個家族企業中，成員間的關係能夠更加親近，並在相互幫扶中持續成長，但如果某個家族成員表現不佳、無法跟隨成長，則理應離開企業，因為這會損害整個家族的利益。

2. 人際關係的四個關鍵詞

在打造企業內人際關係時，企業必須遵循四個關鍵詞，即寬容、上進、謙虛、坦誠。

（1）寬容。每個人都會犯錯，但成功正是源自錯誤帶來的教訓。如果企業對錯誤零容忍，那員工只會在「不做不錯」中止步不前，因此，企業要營造一個寬容的人際關係，讓每個員工都勇於犯錯並從錯誤中學習進步，同時，其他員工則要做好配合，及時解決錯誤帶來的問題、避免企業因此面臨重大損失。

當然，在寬容員工的錯誤前，企業首先要明確哪些錯誤是無法容忍

的，以免對企業造成重大傷害。而在具體過程中，企業仍要區分兩種員工。

①能力強，而且犯錯後能反思並吸取教訓的員工。

②能力差，或能力強但無法正確對待錯誤，更無法吸取教訓的員工。

毫無疑問，我們的寬容應給予第一種員工，而對第二種員工，則可以在對方屢教不改時收回我們的寬容。

（2）上進。即使在寬容的企業文化下，很多員工仍然不敢犯錯，因為他們害怕坦誠、公開自己的錯誤，但這種做法不僅阻礙了個人的成長，也不符合企業的最佳利益。我們必須要明確，從錯誤中學習是一種成長，對於那些幫助同事解決錯誤問題的員工而言同樣如此 —— 解決問題更是一種成長。寬容必須與上進相配合，讓每一次被寬容的錯誤都能推動員工更進一步，如此才能實現螺旋式的上升。

基於上進的態度，每個成員都應觀察自己與他人的錯誤模式，並判斷這種錯誤是否暗藏著某種性格或能力上的缺陷，找出其中的因果關係，明確自己面臨的最大挑戰，在承認缺陷之後爭取突破障礙。

（3）謙虛。當你回顧一年前的自己時，如果沒有為自己做的傻事感到震驚，那並不代表你已經足夠優秀，而只能說明你還不夠謙虛，因而無法吸取足夠多的教訓，也就不可能變得比一年前更加優秀。

謙虛並非一味地自我貶低，而是一種持續性的觀察、思考和反思。觀察其他成員的錯誤或成就，思考他們的缺陷或優點，再反思自己，我們通常能夠發現自己的某些不足，此時，我們當然應該保持謙虛。

（4）坦誠。坦白地說，沒有人能夠客觀地看待自己，每個人都有看不見的盲點，無論是對業務、人際關係還是自身特性都是如此。因此，我們

都有責任給予他人誠實的回饋，幫助對方更全面地了解人、事、物。

坦誠同樣是一種開放的心態，在開放的心態下解決彼此分歧，了解真實自我，基於更加客觀的事實，更好地處理應對各種事務。

05
塑造以身作則、勇於承擔責任的行事文化

　　如果要在世界範圍內找個幸福企業的代表，那最典型的當數哈佛管理學案例中的塞氏企業（Semco）。塞氏企業憑藉「勞資共治」模式，成為巴西最知名的企業。在這家企業的運作中，決策由員工「公投」，利潤由所有員工分享，員工甚至可以自由地檢視企業的帳簿……在企業裡做主的不再是以老闆為核心的高層，而是企業全體員工，這正是塞氏企業幸福感滿滿的根本原因。

　　1982 年，當時年僅 23 歲的里卡多‧塞姆勒（Ricardo Semler）接過了父親的重擔，成為巴西塞氏企業的執行長。而里卡多上任的「第一把火」就燒得所有人跌破眼鏡，他直接辭退了企業內三分之二的高層主管。

　　里卡多的這一決策，在很多人眼裡，簡單來說就是「瞎搞」，甚至這家家族企業的元老也在悲呼：「塞氏完了！」但結果呢？辭退大部分高層之後，里卡多開始了最徹底的員工自我管理試驗。而在這場試驗進行 20 年之後，塞氏企業的銷售額也從 400 多萬美元，一躍升至 1.6 億美元，成為巴西成長最快的企業之一。

　　在塞氏企業的試驗中，里卡多完全將員工的幸福放在第一位，他甚至給予年輕員工一年的「自由時間」，在這一年裡，員工可以在企業裡自由選擇職位或培訓，最終確定自己喜歡的職位。

　　再之後，里卡多甚至給予員工自由設定工作時間的權力，讓員工可以躲過上下班的交通高峰期。很多人認為這樣的政策會讓企業的組裝生產線

陷入癱瘓。但員工並沒有讓里卡多失望，在經過多次的員工會議之後，員工自己解決了這一全新的工作模式問題，對員工工作時間進行分組，確保工廠可以正常運轉。

很多企業總是強調管理和制度，認為員工必須在嚴格的管理下才能履行職位職責，但卻忽略了員工自我管理的重要性。

舉例而言，企業投入 100 分的管理，員工完成了 100 分的任務；但在員工的自我管理下，企業只需投入 30 分的管理，員工就能創造 150 分甚至更高的價值。

而要實現這樣的變化，企業就要從管理層開始以身作則，塑造率先垂範、敢擔責任的行事文化。

1.脫離拉動或推動的桎梏

想必在很多企業中，都存在這樣兩種人。

第一種人的行事完全符合企業的各項規章制度，在企業制定的框架下，他會完全按照工作流程行動，不多一分，也不少一分。這種人就是靠制度推動，他們的工作驅動力都源自企業制定的制度，雖然工作能力不成問題，但卻看不到多少積極性。

第二種人的行事則需要依靠管理層的拉動。比如管理者在團隊內部制定了一個任務目標，過了一週問甲員工：「進度到哪了？」甲員工的回答可能是：「我這部分能做的都做了，就等乙員工做完他那部分了。」「那乙的進度到哪了呢？」甲則搖搖頭表示：「我不清楚。」

在這兩種行事方式中，前者需要企業的推動，而後者則需要企業的拉動。很多人都將管理者看作團隊的「帶頭大哥」，這種觀點並沒錯。但管理者卻要明白，在團隊中，自身要承擔的是帶動團隊自發成長的角色，而

非靠制度、監督去推動。

當管理者執著於推動時，就會過分糾結管理制度的完善，讓自己局限於團隊管理的具體事務；而當管理者致力於拉動時，更會因為不斷地監督和激勵，讓自己成為團隊裡最累的人。

對團隊成員來說，當他們的工作都受到制度的約束或主管的監督時，他們也會失去自由發揮的空間，甚至覺得自己成了「機器人」。如此一來，員工的主觀能動性受到限制，其創造價值的能力也被極大削弱。

因此，企業管理者必須從自身做起，脫離拉動或推動的桎梏，轉而在發揮自身的模範和引導作用中，引導員工形成自覺的行事方式，全身心地投入到價值創造當中。

2. 率先垂範、敢擔責任的模範

在企業文化的打造中，管理者的模範作用必不可少。只有當管理者能夠修行自身、以身作則時，員工才會認可管理者並追隨、模仿、成長。具體而言，管理者的自我修養需要關注以下五個方面。

（1）勇於承擔責任。員工不敢積極行事的深層原因往往是害怕承擔責任，尤其是當擔責影響到員工的薪資、晉升甚至「飯碗」時，他們更會變得相當保守，只有得到管理者的指示之後才敢行事。

對此，管理者在向員工布置任務尤其是創造性任務時，就要勇於承擔責任，明確告訴員工：「你們只需盡力行事，並與我保持溝通，其間的責任都由我承擔。」在這一前提下，管理者也要保持關注，在保護員工主動性和自由度的同時，及時給予指導和調整，確保一切有序推進；如果真的出現負面結果，管理者則要遵循承諾承擔責任。

（2）積極對待挫折。不敢面對挫折是影響員工行事方式的另一個負面

要素。

很多人在遭遇挫折時，要麼抱怨，要麼自卑，甚至自暴自棄，這樣的心態也讓其行事變得唯唯諾諾，不敢前行。對此，管理者自己首先要能積極對待挫折，才能引領員工和團隊應對挫折。

其實，挫折是命運給予的最好禮物，這個禮物來得越早越好。因為當我們還年輕時，我們擁有足夠的時間和精力去應對挫折並越挫越勇。而反觀那些一帆風順的人，可能一次突如其來的重大挫折就會將他們打入谷底，甚至「永世不得翻身」。

（3）始終不忘初心。每個人都有自己的稜角，但隨著生活閱歷的增多，很多人的稜角卻逐漸被磨平，變得圓滑，卻也失了銳氣和進取心，而在企業實現願景的道路上，這樣的員工卻難以創造太大價值。

因此，管理者在自我修行時，管理者必須始終不忘初心，以企業願景為核心，當企業成員認可並在追尋企業願景，那我們也應理解並包容不同的行事方式 —— 只要這種行事方式沒有影響團隊。

（4）及時更新認知。在漫長的人生中，每個人都有著自己的人生經驗，在對待任何訊息時，人們也更願意相信與自己認知相一致的資訊。正如一個認為「網路成癮有害」的人，更容易相信「電腦輻射致命」的資訊。很多時候，即使人們意識到自身認知存在局限，甚至有悖事實，他們也深陷在「資訊繭房」中不願探尋真相。

一個人的成熟首先在於認知上的成熟，一個人的進步則離不開認知上的更新。管理者作為團隊的引領者，就更加需要具備及時更新認知的能力。否則，當認知固化時，管理者很容易因為認知的局限甚至錯誤，引導團隊走向歧途。

　　當然，更新自我認知並非易事，它是一個循序漸進的過程。而隨著時間的推移，隨著市場和社會的變化，正確的認知也會變成錯誤，因此，管理者也應勇於改變，而非抱殘守缺。

06
找對人，做對事，敢授權

　　有意義的人際關係，需要企業能夠寬容企業員工的錯誤，但在此前，企業首先要找對人，才能確保做對事。企業很多時候都會犯的一個錯誤就是關注做對事，卻忽略了更重要的是找對人、敢授權，即賦予哪個員工相應的責任和權力。

　　舉例而言，橋水基金曾經有一位極有才華且備受認可的高階主管，這位高階主管為了將自己調整到另一個職位，在一次與管理委員會的會議上講述了他的轉型計畫，並出示了大量的流程圖和責任分工圖，詳細地闡述了他將負責的各個領域以及系統化的工作方案，使各項工作的推進能夠做到萬無一失。

　　這無疑是一次令人印象深刻的展示，他的工作能力以及工作計畫都得到了管理委員會的認可，但瑞‧達利歐卻發現了一個被忽略的問題：如果事情有變或計畫有變，誰能替代他繼續推進工作，誰又能監督這一整套計畫的有序執行，從而進行改進或決定取消？

　　很多企業的營運其實都存在這樣的問題，但我們總是容易忽視。因為企業的目光總是著眼於做對事，但做對事究竟需要員工滿足哪些條件，我們的員工又有怎樣的特質，事與人之間又是如何發生化學反應的？

　　就如一臺用來畫圖的電腦，我們只知道它的畫圖能力很強，卻不清楚究竟是顯示卡還是中央處理器在發揮作用，也不清楚記憶體在其中扮演怎樣的角色。那麼，當有一天，這臺電腦畫圖能力出現了問題，我們該如何

修理？甚至當這臺電腦發生故障時，我們臨時又該使用哪臺電腦來替代？

　　如果將企業文化看作企業營運的潤滑劑，那麼，企業要實現有序營運，我們就必須找到合適的機器，將其擺放在合適的位置，並為其提供必需的能源。這就是所謂找對人、做對事、敢授權。

1. 找對人，才能用對人

　　企業招募的一個好用思路是：透過收取履歷篩選應徵人選，再透過面試來搜尋合適的人選。然而，多年來，我們或許可以對履歷進行客觀評價，但面試卻缺乏一套科學建構的篩選模型。

　　任何一個面試官的面試其實都是一種主觀的篩選過程，其間發揮作用的則是面試官的直覺和喜好。毋庸置疑，一位線性思維的面試官更傾向於線性思維者，而一位擴散性思考的面試官則偏好擴散性思考者。

　　在這樣的主觀的面試過程中，每一位面試官也都相信自己找到的人才能夠勝任其工作。但事實果真如此嗎？

　　時至今日，招募仍然是一項高風險的工作。在應徵及培養新員工的過程中，企業必須耗費相當的時間、精力和資源，才能判斷新員工究竟能否勝任工作；而在培訓及再培訓老員工的過程中，企業仍然需要投入大量成本，卻可能難以收穫員工的成長及收益。

　　一旦找錯人，企業不僅會失去投入的這所有成本，更可能面臨一些無法用金錢衡量的損失，比如團隊士氣遭受打擊、企業文化遭受損害，而當團隊成員大多都不能勝任職位時，更會逐漸降低整個企業的工作標準。

　　因此，企業想要找對人，就需要遵循以下幾個標準。

　　（1）價值觀、能力和技藝。這三個要素是找對人的基本標準，其重要

性也各不相同。

①價值觀是驅動行為的深層信仰，也是企業文化的核心屬性，既決定了人際關係，也決定了人奮鬥的程度和方向。企業要找對人，首先就要找到價值觀與企業相匹配的人，因為人們不僅會為價值觀而奮鬥，同樣會與價值觀不同的人相爭鬥。

②能力展現在思考方式和行為方式上，能力通常很難短期培養形成，比如良好的學習能力、快速處理問題的能力、看待問題的高度、關注細節的能力、創新能力、邏輯思維能力等。能力是員工價值的核心依據，且通常能夠長期創造價值，而對員工能力的篩選，完全取決於企業和職位的需求。

③技藝則是可以透過學習獲得的各種工具，比如語言、軟體、程式設計等。與價值觀和能力相比，技藝大多可以在一定時間內學習掌握，而且其價值常常會發生改變，尤其是當下流行的軟體、程式語言等技藝都會隨著技術進步而過時。

（2）系統思維和科學方法。正如前文所說，當今很多企業的面試過程仍然依賴面試官的主觀判斷，甚至連履歷篩選都需要經過人事經理的主觀判斷。而當人事經理錯判用人部門的需求及對履歷的要求，當面試官錯判應徵者的價值觀、能力和技藝時，找錯人也就由此發生。

因此，企業招募必須依據系統思維和科學方法建構出一套行之有效的應徵流程，如圖 7-2 所示。

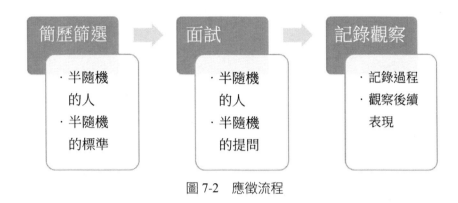

圖 7-2　應徵流程

　　為了排除主觀性對招募流程造成的困擾，我們可以在履歷篩選和面試過程中融入半隨機的原則，在事先劃定的範圍內，隨機指定某幾人負責履歷篩選和面試工作，並隨機抽取幾條基礎標準和提問，根據應徵者的反應進行區分篩選。

　　在這套招募流程的過程中，企業還需做好記錄和觀察，記錄下整個招募過程以及應徵者的反應，並觀察應徵者入職後的表現，從而持續完善流程，提高找對人的可能性。

　　（3）以職位徵人且是出色的人。很多企業會陷入因人設事的失誤，卻忽視了以職位徵人的重要性。所謂以職位徵人，就是根據職位的職責和需求招募人員。但很多企業卻只關注應徵者是否合適，卻未曾盡力尋找出色的人。

　　如果我們要找一個維修工，那只需選擇最先遇到的那個有經驗的維修工即可。但如果我們要找一個員工，那我就必須找到那個表現出色的應徵者，尤其是在一群很出色的人中仍然表現出色的應徵者。如果應徵者只是滿足職位基本要求，你卻覺得不夠出色，那就無須勉強，以免在後續工作中互相折磨。

② 權力與人性的假設

找對人是做對事的必然前提，但想讓對的人做出對的事，企業就不能只是將任務交給對方，更要授予對方相應的權力。人們總是傾向於為組織加上個人色彩，比如蘋果是一家有創造力的公司，但真正有創造力的，其實是組織裡辛勤工作的員工，企業只有賦予他們創造、夢想的權力，他們才能為企業帶來價值。

找對人、做對事、敢授權的核心就在於權力與人性的假設。一直以來，員工都被看作一個職業人，但同時，員工更是一個自然人和社會人。

現代經濟學通常將人性假設為逐利的，人們的行為都是為了實現自身利益的最大化。然而，所謂利益，並非僅僅指代物質利益，最關鍵的仍然是精神利益。

因此，在追求利益最大化的過程中，權力也成為員工的重要追求，因為權力既能為人們帶來物質利益，也能滿足成就感、榮譽感等精神需求。

Google 在其人力資源管理中，就非常重視人性化管理，賦予所有員工參與公司決策的權力，並設計了多個管道以實現員工的「行權」需求，如 Google Cafes（Google 咖啡館）、Gmail（Google 郵件）、Google Moderator（Google 匯問）、TGIF（全體員工大會）、組織調查等。

Google 前總裁鮑勃（Kamau Bobb）就針對這一系列專案說道：「我認為，企業文化必須更趨人性化，給予員工改變工作環境的權力，無論是工作氛圍、管理模式還是公司決策，每個員工都能透過自己的努力對其進行改變，這樣，員工才能找到其努力工作的意義，從而更富工作熱情。」

在權力與人性的假設中，企業文化必須融入以下三個理念。

(1)「人類總是要求擁有快樂而不是痛苦」。每個員工都希望在一個更

加舒適的環境中工作，將工作作為一種樂趣而非煎熬。但這對於大部分企業而言都是很難實現。Google 則透過對內部社交連繫的培養，賦予員工改善工作環境的權力，努力促使員工之間的同事關係向朋友關係轉變，從而讓員工能夠在交流中感受到工作的樂趣。

（2）「人類總是要求得到尊重而不是貶斥」。來自領導者的尊重是對員工最有效的激勵，領導者對員工的不尊重、貶斥都會抑制員工的工作熱情。Google 的每位管理者都必須傾聽員工的意見，員工也可以透過各種管道表達自己的感受、提出自己的建議，這就為企業營造一個相互尊重的工作氛圍創造了機會。

（3）「人類總是希望有生存的意義而不是虛度一生」。員工的工作並不只是為了薪資，畢竟能夠養活員工的工作千千萬，員工卻來到了我們的企業。這是因為，他們希望能在我們的企業中實現自身價值，而不是在虛度光陰中「白拿薪水」。Google 不僅為員工提供晉升機會，更允許員工使用工作時間尋找工作的意義所在。

在企業文化的打造中，企業很多時候都會強調「以人為本」的理念，正是因為這一理念的核心就是關注人性裡的幸福需求。而在權力和人性的假設下，企業也應明確，授權是提升員工幸福感的重要途徑。

3. 敢授權，給人做對事的權力

現代企業都存在授權機制，但其中的「權」並不只是指代管理權力，而是授予員工追求自我價值實現的權力，乃至追求快樂、尊嚴和意義的權力。

因此，即使是針對基層員工，企業也可以透過設定回饋機制和溝通機制，讓員工擁有表達意見的管道，而企業則要正視基層員工的意見和建議，這同樣是一種授權。

而在狹義的授權，即管理權力的授予中，企業要做的也並非簡單地放開手，而是基於找對人、做對事的有效授權，如圖 7-3 所示。

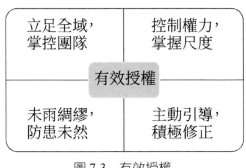

圖 7-3　有效授權

　　（1）立足全域性，掌控團隊。對員工而言，授權具有極強的激勵作用；而企業在授權時，則是希望優秀員工能夠承擔更多的責任，幫助自己分擔壓力，從而提高權力使用效率。

　　然而，員工只是公司中的一個個體，個體的優秀能力，確實能夠實現企業某方面的突出發展，但如果權力與能力不相配，其能力缺陷則能夠造成企業在發展過程中陷入偏差。

　　因此，企業在授權時，應立足全域性，對員工進行事前、事中、事後的全方位考察，以避免員工無法適應突然增長的權力，導致權力使用效率不增反減，或是員工過度行權。

　　（2）控制權力，掌握尺度。即使在授權之後，企業仍然要確保自己能夠實時控制權力。當然，我們也要掌握好其中的尺度：既要給予員工施展手腳的空間，以贏得員工的信任，最大限度地增強授權效果；也要掌握住員工行權的方向和範圍，以確保員工行權不會與公司發展相衝突，避免過度授權帶來的風險。

（3）未雨綢繆，防患未然。企業應對權力的使用進行有效監督，以避免行權風險。為此，企業可以透過採集員工行權訊息，對員工行權可能帶來的結果做出預判。一旦對其預判為負，領導者就應及時採取相應的措施，以最大限度地降低員工失誤帶來的負面影響。

（4）主動引導，積極修正。受限於自身工作經歷、管理能力，員工在被授權之初，可能無法很好地適應權力的增長。此時，授權者則可以主動對其進行引導，幫助員工盡快將權力用於實處。而在員工行使權力過程中，企業若發現問題也應積極作出糾正。這樣，員工才能在權力增長中快速成長，真正提高權力使用效率，並讓權力幫助員工獲得幸福。

在有效的授權中，企業的熱情也將一觸即發，從而衍生出無限可能。但關於企業人事、授權等一切事務，都應遵循科學的決策機制和系統的管理思維，確保企業能夠真正找對人、做對事。在這樣的過程中，關於科學和系統的理念，也將融入企業文化，幫助企業更上一層樓。

07
如何打造企業員工手冊

　　企業文化的打造，需要企業所有成員的共同努力，只有在持續的氛圍營造中，企業的工作文化、產品文化、人際關係及行事文化才能逐漸統一，並共同推動企業文化的形成。

　　企業想要高效打造企業文化，就必然需要打造一部完善的企業員工手冊 ── 這也是新員工入職流程中不可或缺的一環。企業員工手冊不僅是傳達企業相關管理政策的工具，更能夠有效傳達企業價值觀，並向員工介紹自身的企業文化。

　　雖然很多企業都制定了自己的員工手冊，但其對員工手冊的功能認知卻存在缺失，且內容設計也存在缺陷，甚至出現表述不當、表述違法或給企業造成不利的情況。

　　企業員工手冊是打造企業文化的重要工具，它不僅是法律規定的補充，也是企業制度、企業文化的載體，並具有指引、評價等功能。

　　對企業員工而言，企業員工手冊一般是其入職後接觸的第一份檔案，如果企業員工手冊能夠讓員工感受到企業的文化氛圍、規範紀律，就會形成相應的印象，並在工作中自覺約束自己。但如果企業的員工手冊充斥著無意義的內容，或是直接從網路上複製貼上的內容，或是早已與時代脫節的內容，那員工對企業的印象也會大打折扣，因而無法認可企業文化、難以融入團隊氛圍。

　　因此，企業必須重視員工文化手冊的設計，並從以下幾個方面完善員工文化手冊。

1. 員工文化手冊內容框架

一般而言，員工文化手冊內容框架如圖 7-4 所示，企業可根據自身情況進行調整。

2. 員工文化手冊設計原則

在設計員工文化手冊時，企業應遵循以下五個原則。

（1）合法性。作為「白紙黑字」的內容，員工文化手冊的條款都可能成為未來仲裁、訴訟中的證據，因此，員工文化手冊的內容首先要符合相關法律規定。

需要明確的是，針對法律賦予企業的義務，即使企業將之寫入員工文化手冊轉移給員工，並由員工簽字，該表述也沒有法律效力，如「合約期滿員工未書面提出續簽，則視為不同意續簽」。

（2）合理性。從國家政策來看，國家既保護勞動者權益，也保護企業用工自主權。因此，企業可以透過員工文化手冊及其他規章制度對員工的工作過程進行管理，但相關規定必須合理。

比如限制員工上洗手間的時間或上下班交通事故責任自負等，這些規定既超出了企業自主用工權的範疇，也明顯不合理，可能使企業遭受社會輿論及勞動仲裁的質疑。

為了確保員工文化手冊的合理性，企業在設計相關內容時應換位思考，多調查、多聽取意見。

（3）可行性。正如企業文化需要在行動中打造一樣，員工文化手冊也需要落實到行動中。因此，員工文化手冊就必須具有可行性。否則，不可行的員工文化手冊也會損害企業的管理權威和文化氛圍，使員工難以遵循員工文化手冊進行工作。

比如員工文化手冊中常見的「情節嚴重」、「重大損失」、「情節輕微」
的用詞，如缺乏明確的衡量標準，員工就無法自我約束，企業的管理行為
也缺乏依據。

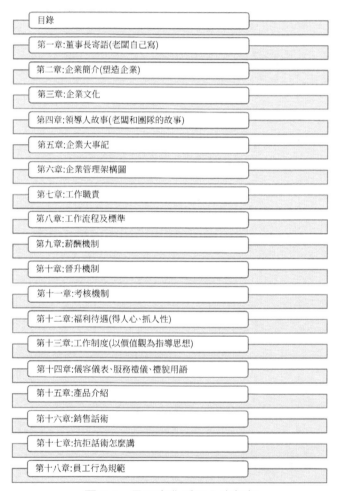

目錄

第一章:董事長寄語(老闆自己寫)

第二章:企業簡介(塑造企業)

第三章:企業文化

第四章:領導人故事(老闆和團隊的故事)

第五章:企業大事記

第六章:企業管理架構圖

第七章:工作職責

第八章:工作流程及標準

第九章:薪酬機制

第十章:晉升機制

第十一章:考核機制

第十二章:福利待遇(得人心、抓人性)

第十三章:工作制度(以價值觀為指導思想)

第十四章:儀容儀表、服務禮儀、禮貌用語

第十五章:產品介紹

第十六章:銷售話術

第十七章:抗拒話術怎麼講

第十八章:員工行為規範

圖 7-4　員工文化手冊內容框架

（4）權責對等。員工承擔的義務應與其享有的權利對等，尤其是在員
工獎懲方面，企業更應基於員工的業績、對企業造成的影響作出相應的獎

勵或懲罰，並藉助定性和定量的明確規定，讓員工清晰地了解自己的權利和責任。

(5) 與時俱進。很多企業的員工文化手冊一經制定就再無修改，長此以往，員工文化手冊也可能過時，因而失去效用。因此，企業應根據實際情況對員工手冊進行修訂，尤其是當相關法律法規發生變化、勞動爭議仲裁作出指導或企業營運中遇到問題時。

需要注意的是，企業員工手冊的修訂需要經過嚴格的評審，避免朝令夕改、頻繁修訂。如修訂的內容涉及員工切身利益，企業也應發起民主程續，進行充分研究，並與員工保持溝通。

3. 員工文化手冊的核心內涵

員工文化手冊看似是一份管理員工的制度手冊，但究其核心內涵，仍然在於企業文化。企業必須將企業文化屬性融入員工文化手冊的各個部分，讓員工理解並認可企業的使命、願景、價值觀，如此才能隨企業共同成長。

國外有一所學院，是兩個好朋友打造的一個供當地孩童共同學習的平臺，在我司老師的輔導下，很短時間內，學院接連舉辦了幾場幫助孩子讀書的千人活動，在當地極為轟動，形成了非常大的影響。而他們之所以能獲得如此成功，其實是因為學院創始人的強大信念，以及核心團隊的執行力、凝聚力和向心力。

建偉、麗玲兩位創始人在發展的過程中，經營模式遇到了一定的盲點。

他們發現學院需要新的突破，需要品牌賦能，需要提升企業和員工的核心競爭力，因此請我司的老師進行企業文化輔導與企業管理實現，梳理

出了企業的使命、願景、價值觀。同時，確立了學院的核心理念，那就是成就客戶、成就員工。

在學院的員工文化手冊中，我們總是能夠看到兩位創始人成就員工的心，更難能可貴的就是，在成就員工、成就客戶、成就孩子的理念上，兩位創始人始終同心同德，力求幫助員工、客戶、孩子獲得財務、能力、知識上的成功。

基於初心，學院也迅速贏得了當地政府的認可，獲得了辦學場地、遊學支援等各方面資源，甚至學院客戶、其他教育機構也都願意加盟，共同將學院打造為該地區的一張名片。

第八章
故事能成就大事：講好企業故事

　　雖然 Google、蘋果等企業的企業文化備受推崇，但誰又能說出他們的企業文化究竟是什麼呢？我們都知道賈伯斯被自己創立的公司趕出去等故事。這些故事鮮活且令人印象深刻，更向社會大眾傳遞了企業理念，增強了企業魅力，直至成為世界上最偉大的企業之一。

01
會講故事的企業都壯大了

在數千年的人類發展歷程中，我們總是喜歡聽故事，如《論語》中孔子及其三千弟子的故事，《荷馬史詩》中口口相傳的史詩故事，《一千零一夜》中的伊斯蘭故事集。在日常生活中，會講故事的人總是讓人印象深刻。而在市場競爭中，那些會講故事的企業最終也都做大了。正如暢銷書作家丹尼爾‧平克（Daniel Pink）所說：「講故事正成為 21 世紀最應具備的基本技能之一。」

近年來，無數獨角獸企業的估值不斷突破新高，在馬斯克主導下的特斯拉甚至能夠突破本益比的限制，在市值屢破新高中，為市場帶來「本夢比」的概念。

之所以如此，正是因為這些企業會講故事，他們的故事足夠吸引人，因而能夠引起客戶興趣、贏得投資人認可。畢竟，誰不夢想著「無人駕駛、飛往火星」呢？

而這正是馬斯克的特斯拉、SpaceX 為人們講述的故事。

隨著市場經濟的日趨成熟，市場早已形成一套完成的企業價值評估體系，如投資報酬率等各種指標以及由此建構起來的數據模型。但近年來，這套評估體系卻似乎開始失去作用，那些數據表現一般的企業，卻因為會講故事而做大了。

而要理解故事為何能發揮如此巨大的作用，讓數據表現一般的企業創造市值奇蹟，我們同樣可以藉助一個故事來理解。

　　從前有座山，山裡有座廟，廟裡有個老和尚和小和尚，有一天，老和尚給了小和尚一塊又大又好看的石頭，讓小和尚嘗試去菜市場、珠寶市場和寺廟門口售賣。在小和尚臨行前，老和尚強調道：「無論誰出價，你都只是伸出一根手指，等他們報價後也不要賣掉這塊石頭，多問些人，然後回來告訴我。」

　　於是，小和尚先去了菜市場，對著市場的攤販伸出一根手指，有的攤販看中這塊石頭足夠大，可以做醃菜的壓缸石，報出了 10 元的價格。

　　小和尚又帶著石頭去了珠寶市場，同樣伸出一根手指。珠寶市場的店主看來看去，認為這塊好看的石頭可能是名貴的珠寶，於是爭相出價，他們的報價一度從 1 萬元抬高到了 10 萬元。

　　最後，小和尚回到了寺廟門口，同樣伸出一根手指。每過一陣，這塊石頭就被傳為「大師開光、鎮宅闢邪」的靈石，越來越多的人報價，甚至有富紳說出：

　　「無論多少錢我都願意買下來，放在家裡好好供奉。」

　　同樣的一塊石頭，卻因為不同的故事，而得到了天差地別的報價。這個故事其實就揭示了講故事對企業的重要性。企業的發展需要企業文化的內涵，而在確立了企業文化的內涵並實現之後，企業更要拓展企業文化的外延，用企業故事贏得客戶、社會和員工的認可，讓企業文化的效能最大化。

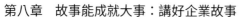

02
只講道理敵不過會講故事

　　任何事物的發展當然都要遵循一定的道理，但在道理之外，我們還需學會用故事賦能，讓道理發揮出成倍的效用。在當今時代，只講道理的企業，永遠打不過會講故事的，因為在愈趨激烈的同質化競爭中，一則好的故事則能幫助我們與其他企業、品牌或產品實現區分。

　　如果一款礦泉水放在那裡，我們只關注它能否解渴；但礦泉水旁邊寫著：「採自八千公尺高的雪原，與天山雪蓮共生。」你是否就有點想「品嘗」呢？現實就是，普通的礦泉水只能陷入無限的價格戰中，而「與天山雪蓮共生」的礦泉水卻能輕易賣出 100 元甚至 250 元的價格。

　　在數千年的人類交流中，故事無疑是最符合人性的交流方式，因為故事不僅可以傳遞訊息，更可以愉悅身心，幫助講述者和聽眾基於故事達成共識。而當我們進一步探究那些流傳甚廣的故事時就會發現，人性是永不過時的主題 —— 而這也是企業文化的必要內涵。

1. 故事是更好的行銷手段

　　經歷過各種推廣和植入之後，如今的使用者早已對傳統的行銷方式感到厭煩，企業亟須能夠更好地引起使用者認可的廣告形式，而故事則憑其傳遞訊息、愉悅身心的特性，成為一種重要的行銷手段。

　　所謂軟性行銷，就是要讓廣告訊息與故事進行有效結合，在不影響故事特性的前提下，將廣告訊息推送給使用者。而在單純的產品或服務行銷之外，更高級的軟性行銷則是品牌精神、企業文化的行銷。

在賈伯斯主持的蘋果發布會上，他總是不厭其煩地強調其極致的專注和匠心，蘋果的品牌精神也隨之傳遞給全球使用者，蘋果也由此獲得了極高的品牌溢價。

因此，是否會講故事，已經成為衡量企業行銷水準的重要指標。一味地自誇，再多的推銷，也比不上一個絕佳的故事。

2. 故事是更好的激勵方法

在《法華經‧化城喻品》記錄著這樣一個故事。

很久以前，一位法師帶著一群探險者去遠方尋找珍寶。然而，因為路途實在艱險，走到半途時，探險者們開始感到疲憊；又因為遠方實在太遠，他們開始打起退堂鼓，想要放棄這段征程。

法師得知這個情況之後，就暗中施展法術，在前方幻化出一座城池，並對眾人說道：「大家看，翻過這座山，就有一座大城，在城池不遠處，就能找到寶藏啦！」眾人看到前方確實有座大城，就重新振奮精神，再次上路。就這樣，在不斷地幻化城池之後，眾人終於找到珍寶。

這就是故事在企業營運中的作用，企業並非用故事誘騙客戶前行，而是用故事中的願景為員工描繪前方的景象，用故事中的使命為員工注入強大的驅動力，用故事中的價值觀與員工達成共識。

3. 故事是打造生態圈的基礎

當今時代的競爭早已不再局限在企業與企業之間，而是商業生態間的競爭，因此，企業就必須學會打造合適的生態圈，而此時，故事則是一個重要基礎。

瀚文在加入我司前只是一名普通的教師，她一直有一個夢想，那就是在打造一家媲美國際水準的幼兒園。這個夢想一直被瀚文藏在心中，直到

遇到我司之後，在董事長的鼓勵下，瀚文終於決定為這個夢想而努力，她告訴自己，餘生只做一件事！不忘初心，做良心教育。

在董事長和公司內老師的協助下，瀚文迅速製作出一份優質的商業企劃書。但實際推進過程中遇到了很多困難和挑戰，可是瀚文始終不忘初心，她說：

老天讓我選擇這條路，我的肩上就一定有我的使命！各位老師不遺餘力地幫助她，經過不斷的努力，很多貴人與資源主動找來，她曾經的導師聽到她的計畫，毅然決然地將畢生的教學理念、知識與資源帶給她。因為這份初心，吸引著很多志同道合的人來到她的身邊，無論招募什麼職位，都會有人主動打電話過來應徵……

在各類資源的聚集與貴人的加持下，幼兒園得以成立，並創出了非常好的口碑，得到家長們的一致好評。在創業守業的路上，瀚文始終與公司保持持續良好的溝通，有困難就找公司，她說公司的老師們都是真正的家人。尤其是在公司開設的傳統文化課程中，瀚文總是第一時間來到課程現場，在傳播傳統文化的路上多年來始終如一地與公司保持一致。在公司學習的日子裡，自己得到了飛躍的成長，她把公司當作自己的第二個家！

在各位老師的幫助下，瀚文依舊不斷地優化商業模式，學習前行，勵志打造出堪稱產業標竿的美德教育。

未來的路還很長，但是在瀚文的事業路上我司會永遠隨行，長風破浪會有時，直掛雲帆濟滄海，相信在我司的幫助陪伴下，瀚文事業會蒸蒸日上。

這套商業模式正是基於一個完整的生態故事。在這個故事中，瀚文教學所在地將成為一個覆蓋全產業鏈的幼兒學習基地，進而打造出一個完整的幼兒產業生態。

03
企業品牌傳播需要故事運作

當今時代的品牌競爭，已經不再局限於產品或服務，而是上升到企業文化、品牌價值，因此，企業品牌要傳播，就需要故事來運作。

賈伯斯曾經興師動眾地宣告：「我們要重新發明手機。」就在每個人都感到好奇時，蘋果卻銷聲匿跡長達半年之久，並拒絕透露任何相關訊息。但這已經足夠引發一段長時間的炒作，只因為「重新」和「發明」兩個詞語。人們希望看到一個完全不同的手機產品，而 iPhone 也確實沒有讓人失望，為人們帶來了一個關於顛覆創新、極簡主義的傳奇故事。

國內會「講故事」的品牌同樣很多。用故事傳遞訊息，用故事引起好奇，用故事傳播品牌，再用產品或服務真正征服使用者，這才是當今時代的品牌致勝之道，也是企業文化在品牌價值中的核心展現。

具體而言，故事的形式多種多樣，為了加強品牌傳播效果，企業在講故事時主要可以採用以下幾種形式。

1. 懸念式故事

所謂設定懸念，最簡單的方法就是設問式。在故事開篇提出一個足夠誘人的問題，但要注意的是，企業必須對該問題有能夠自圓其說的答案，以免讓使用者感覺上當，或是讓故事漏洞百出。在設定懸念的過程中，企業可以直接提問，也可以將問題隱藏在內容中。

例如，一則探案故事的懸念可以直接丟擲：「凶手究竟是誰？」或者

你也可以直接開篇寫出：「死者生前摯友投案自首。」而在品牌傳播的故事中，企業則可以採用「是什麼讓他的愛車走向了不歸路」等懸念。

2. 煽情類故事

情感是內容傳播的重要動因，當關於品牌的故事能夠刺激使用者的某種情感需求時，使用者自然能夠表示認同並轉發。而為了達到這種效果，最直接的方法就是創作煽情類的故事，直指人心，盡快以最大的力度打動使用者。

3. 恐嚇式故事

看，恐嚇式的故事因為可以直擊使用者的軟肋，因此可以獲得更好的行銷效果。基於故事的恐嚇式標題，此類故事吸引到的讀者，基本也都是你的潛在消費者。

但要注意的是，這樣的故事往往容易遭人詬病，尤其是當你的恐嚇毫無依據時，更會成為「闢謠」的對象，面臨違規風險。因此，恐嚇式故事不可太誇張。

比如社交平臺中總是會流傳著各式各樣的恐嚇式故事，如「高血脂，癱瘓的前兆」、「30 歲前不做這件事就沒機會了」等。

4. 講述類故事

透過講述一個完整的故事，並將品牌、產品或服務藏於其中，讓故事內容為產品「加分」，這就是講述類故事的效果。講述類故事的關鍵就在於如何巧妙地傳遞你想傳遞的訊息，並讓其成為故事發展的重要線索，從而在講述故事的同時實現品牌傳播。

當然，除了原創故事之外，企業也可以將品牌或產品的背後故事作為

講述內容，但這樣的故事，通常較難引起使用者的興趣，除非他們已經對此產生興趣。

5. 熱門時事類

熱門時事類的故事創作則需結合時事熱門進行再創作，從而加強故事的傳播效果。對此，如果企業本身就具有較強的行銷能力或市場知名度，企業甚至可以主動創造熱門時事，刺激品牌傳播。

04
將企業願景、使命、價值觀融入故事

　　當今時代，越來越多的企業開始講故事，他們希望透過講故事獲得商業上的成功，獲得市值的提升。但在講述故事的過程中，越來越多的企業卻開始迷失初心，他們似乎只記得如何用故事去吸引人、感染人，但卻忘了企業故事必須為企業服務，這就需要我們堅持企業文化底色，將企業願景、使命、價值觀融入故事。

　　在考慮如何發揮企業故事的效用之前，企業要先學會如何講好一個故事，並遵循故事創作的要點，一步步將企業文化融入其中。

1. 故事創作的「三真原則」

　　企業故事的創作首先要基於真人、真事、真情的「三真」原則。要知道，真實具有其他要素難以比擬的力量。即使故事需要誇張、修飾，但我們卻不能拋棄真實。其實，企業的真人真事、真情實感並不匱乏，企業要做的就是挖掘其中的力量。

2. 勾勒故事核心

　　想要講好一個故事，我們就要提煉出這個故事的核心，也即故事的主題和中心。故事核心可以是企業願景、使命、價值觀，以及企業文化的其他內容，但要注意的是，它只能聚焦某一點，並盡量用一句話來概括，以免核心太多導致故事創作失去方向。

3. 建立故事結構

　　傳統的故事結構是有明顯起承轉合的劇作結構，有開端、發展、高潮和結局。這種故事的好處就是嚴謹，能夠逐步地將故事推向高潮，並在高潮中向聽眾傳遞訊息。比如先講企業創業史，再講企業發展歷程，然後在某一個節點、某一個事件中確立了價值觀，結果為企業帶來了怎樣的效果。

　　但在當今時代，這種故事結構通常也難以出彩。因此，企業故事的創作也可以採用非單線的結構，如雙線或單線並行，如打亂時空順序，或採用倒敘、散文詩敘述等方式，使企業文化的色彩更加鮮明，這也對我們的故事掌控力提出了更高的要求。

4. 展現故事衝突

　　沒有人喜歡平鋪直敘的故事，尤其是在講述企業故事時，如果企業不能盡快展現故事衝突，聽眾很快就會對此失去興趣。比如隨著蘋果手機的成功，賈伯斯已經成為一代傳奇，當此時，我們再去講述賈伯斯被蘋果趕出公司的那段故事，自然就會迅速引起聽眾好奇。

　　壓力、矛盾、問題是工作生活中的常態，企業故事則能由此入手，展現故事衝突，並用故事核心蘊含的力量釋放壓力、處理矛盾、解決問題。

5. 塑造核心人物

　　在故事當中，最有吸引力的就是突出的人物；而在企業營運中，一個有凝聚力、號召力、感染力的人物也更具力量，如蘋果的賈伯斯、特斯拉的馬斯克。

　　因此，企業故事的創作還應關注核心人物的塑造，最好直接以企業家或企業重要人物為模板進行塑造，使其成為企業願景、使命或價值觀的「化身」。

05
透過講故事，高效營運團隊

　　企業有成敗、人才有流失，企業家的創業歷程總是充滿變數，但如果我們能夠建立一套屬於自己的班底，那無論是企業營運還是東山再起，我們都擁有了強力的支撐。而在享受班底的巨大價值之前，我們則要學會透過講故事進行高效營運。

1. 切忌在瘋狂中失去理性

　　在創作並講述故事時，為了吸引眼球、增加效果，很多企業的故事會變得越來越誇張，最終失去理性、陷入瘋狂，近似於給班底洗腦。毋庸置疑，更加瘋狂的故事可以帶來更佳的傳播效果，但企業自身卻必須保持理性，以免不切實際的故事最終引起班底的反感。

　　「我是一個興風作浪者，我相信這可能是我成功的主要原因，我做了每個人都認為做不到的事情，而且我做這些事情的方法，使每個人都說我瘋狂。」這段話源自美國著名作家吉諾·鮑洛奇（Jeno Paulucci），這也被很多企業奉為圭臬，認為企業必須具備瘋狂的思想才能成功發展。

　　確實，企業需要一些瘋狂才能創造出「蛇吞象」這樣的奇蹟。如果沒有這種瘋狂，賈伯斯也不會在被趕出自己的公司 10 年之後，再次回歸蘋果，並力挽狂瀾，讓蘋果成為全球最偉大的企業之一。然而在瘋狂之中也應該保持理性，即使如脾氣火爆的賈伯斯，也會透過冥想調整情緒。

　　企業故事確實需要融入某些看似「瘋狂」的內容，但這並非無節制的「自嗨」，而是要切實立足團隊的發展方向，引領團隊實現前進。縱觀全球

被稱為「瘋狂」的企業家，他們的「瘋狂」從來不展現在業績的瘋狂增長上，本質其實在於他們「活在未來」的遠見，透過正確的引領，讓團隊、使用者因此而擁有跨時代的體驗，進而成為企業家的忠實支持者。

2. 用使命驅動班底營運

在每個人的一生中，陪伴我們時間最長的可能不是朋友，而是同事。然而，為什麼同事不能成為朋友呢？

當在職場詢問這個問題時，我們能夠迅速得到答案：「因為同事無法被信任，上一秒還是合作夥伴，可能下一秒就成為競爭對手，甚至背後『捅刀』的事也並不少見。」事實上，在很多所謂「職場必備能力」中，都會寫上一條：「不要和同事做朋友。」

在這樣的思維下，職場生活當然會陷入爾虞我詐的困局，團隊內部既不和諧，也無信任，所謂「班底」當然也無從談起。

很多人都認同一句話：「做什麼事其實不重要，跟誰在一起做事才重要。」而在團隊營運中，我們必須為成員植入「使命驅動力」，讓員工能夠快樂地融入團隊中，並讓這支團隊最終成為自己的班底。

對團隊所有成員而言，個人使命都是人生的必然主題。只有使命，才能讓人認識到工作的意義和快樂；也只有使命，才能讓人們團結、奮進，為團隊的存亡而努力。而在團隊中，又該如何植入「使命驅動力」呢？

（1）培養和諧共處的團隊關係。很多人對團隊中的同事並不信任，甚至將其看作競爭者，而非合作者。因此，在植入「使命驅動力」時，我們首先要講好關於競爭與合作的故事，打造一個和諧的團隊關係，讓所有團隊成員都能夠積極地參與到團隊建設中。而這就需要我們充分發揮自身的影響力和溝通力，消除成員之間的矛盾，讓團隊成員能夠和諧相處。

陳總在「空降」到某企業擔任部門總監之後，就遇到這樣的問題。在進入該企業之前，陳總有個得力助手小孟，因此，他帶著小孟一起「空降」該部門，但該部門內卻有個資深員工老張。

　　老張的工作能力沒話說，但卻總是講究程序、制度，因此，在「空降」之後，小孟總是因為程序問題被老張嘮叨；在員工會議上，小孟則會因為效率問題訓斥老張。久而久之，兩人的關係陷入一種惡性循環，別說合作了，共處都已經成為問題。

　　此時的陳總則很尷尬，一個是自己的得力助手，一個是企業的老員工。小孟關注效率沒錯，但對待老員工的態度太差；老張遵循程序也沒錯，但確實缺乏變通；自己作為「空降」來的總監，同樣擔心引起老員工的反感。陳總只好將兩人拉到面前，想要調節一下兩人關係，但卻沒什麼效果。

　　無奈之下，陳總只好對此睜隻眼閉隻眼，希望時間能抹平一切，但現實卻是，新老員工的對抗情緒越發明顯，最終老張申請離職，老闆也對陳總的能力產生疑問。

　　(2) 引導員工透過團隊實現使命。我們必須要明白，團隊成員的使命並不局限於業績提升及其附帶的物質激勵。事實上，在職場中，多數員工更關注自我成長和自我實現。如果每個成員都信奉「不想當將軍的士兵不是好士兵」，那麼，因為「將軍」的名額有限，「士兵」之間自然會相互競爭。

　　因此，我們就需要透過講故事，引導員工改變「爭做將軍」的片面想法。員工的個人使命確實需要關注自我成長和自我實現，但如何自我實現呢？透過把分內工作做好，讓團隊持續成長——這同樣是自我實現的方式。

我們需要讓員工明白自身職位的重要性，每當團隊獲得成功時，也要讓所有成員明白各自的貢獻，讓成員能夠因為團隊的成功而驕傲，透過團隊實現個人使命。

（3）懷抱一顆知足常樂的感恩之心。團隊的進步，確實需要一些瘋狂的思想。

但當談及班底的營運時，我們還應懷抱一顆知足常樂的感恩之心，講好關於感恩、欣賞和寬容的故事。

人生不如意之事十有八九，常想一二，在團隊的發展中，總會出現各式各樣的問題，此時，我們切勿過分強調問責，導致團隊內形成「本位主義」的思想，因而陷入更大的合作困境。

我們應帶著欣賞、寬容的心態對待團隊成員，對於一些小問題，可以採取更加寬容的處理方式，而非直接指責、埋怨。否則，團隊內就很容易形成一種戰戰兢兢的氛圍，影響團隊內的和諧。

當然，欣賞、寬容並不意味著「和稀泥」，對於小問題的責任人，要讓其明白自身的失誤之處；對於重大事故的責任人，同樣要嚴格處理。

班底的形成，需要一個瘋狂的、可行的故事作為指引；但在此前，我們卻要保持理性，先為團隊成員植入「使命驅動力」，基於願景、使命和價值觀的共識，讓團隊處於和諧發展的程式當中。

06
團隊凝聚力來自講故事

從散漫無章到初具規模，從各自為營到鐵板一塊，從漫不經心到全情投入，這是一場蛻變。而要實現這樣的蛻變，建立屬於自己的團隊與班底，就需要透過故事來實現凝聚。

其實，我們的每一個員工都是一個獨生子女，但他們卻從不知道自己如果努力一下會為企業帶來多大進步；同時很多企業同樣不知道怎麼培養員工，也不願意培養員工，員工因此永遠都是員工。當企業像一個籠子把員工關在裡面，年復一年，員工的活力則消失全無。

在我司的課程上，董事長對所有學員說：「一位員工只有托起老闆才能托起事業。三流員工拖累老闆跟老闆對著幹，最後蹉跎歲月。二流員工跟著公司做，最後故步自封。一流員工搶著做，讓老闆無事可做，最後成為公司核心班底！」

大多數員工都習慣等，等支持、等資源、等人員。如果等不到，這件事就做不了。其實，企業真正需要的是做執行的員工，讓員工在執行中解決企業遇到的各項難題。但要實現這一點，甚至更進一步，將員工納入團隊與班底，我們還需要學會講故事，發揮故事的引導作用。

管理者必備的能力就是引導力和凝聚力。在團隊與班底的凝聚中，管理者的引導力並非引導團隊如何跟隨自己，而是透過引導激發員工潛力，讓員工自動自發地進行自我管理，從而增強團隊力量。

很多管理者雖然擁有出色的工作能力，但他們最終仍然走向失敗，正

是因為引導力與凝聚力的缺失。這些管理者過於相信自己的工作能力，因此，他們在團隊中十分強勢，但當團隊成員都成為只會「無腦」跟隨的應聲蟲時，如果管理者遇到自身無法處理的問題又該怎麼辦呢？

團隊的力量源自團隊成員的互補關係。之所以團隊管理都強調凝聚力，正是因為只有在團隊成員的凝聚中，在協同合作、優勢互補中，我們才能發揮出全體成員的力量，最終實現「1+1>2」的效果。而團隊的凝聚力，則需要管理者發揮其引導力和感召力。

談及 20 世紀最偉大的企業家，傑克‧威爾許（Jack Welch）必然會出現在名單之中，他甚至被人稱為「全球第一 CEO」。在威爾許擔任奇異（GE）董事長的最初兩年，他就讓這家百年企業煥發新生，奇異的市值更是從 130 億美元驟增至 4,800 億美元。

而在威爾許的回憶中，最讓他自豪的並非奇異的成功，而是「在 GE，我不能保證每個人都能終身就業，但能保證讓他們獲得終身的就業能力。」

人才管理是威爾許最重視的環節，在他看來，「管理者的工作，就是每天把全世界各地最優秀的人才延攬過來。他們必須熱愛自己的員工，擁抱自己的員工，激勵自己的員工」。

威爾許向人們傳授了自己的用人祕訣，即「活力曲線」：在任何一個組織中，必然有 20% 的成員是最佳的，70% 的成員處於中間狀態，還有 10% 的成員則是最差的。這個比例基本不會變化，但具體的成員名單卻會不斷變動，管理者必須牢牢掌握 20% 和 10% 的成員名單，對其做出恰當激勵或懲罰措施。

威爾許甚至為員工都發放了一張「奇異價值觀」卡，上面明確訂定了

公司的價值觀：痛恨官僚主義、開明、講究速度、自信、高瞻遠矚、精力充沛、果敢地設定目標、視變化為機遇以及適應全球化。

當管理者擁有強大的個人使命時，我們想要凝聚團隊力量、打造團隊，就必須用使命號召人才、用願景引領員工、用價值觀指導班底。這就需要一位具有感召力的管理者作為團隊核心，透過講故事與團隊成員達成共識，並發揮模範作用成為團隊成員的效仿對象。同時，管理者的那些生動故事也可以鼓舞團隊成員士氣，挖掘團隊成員的潛能，調動其主觀能動性，讓團隊力量得以發揮。

具體而言，管理者在藉助講故事凝聚團隊時，必須考慮以下五點要素，打造出一個擁有足夠感召力、引導力和凝聚力的人設：

(1) 要有遠大的理想或願景，擁有堅定的信念、對未來的夢想，並將之傳達給團隊成員，獲取員工的認同。

(2) 要有遠見，能夠看清組織未來的發展方向和路徑，從而引領團隊的前行，這也是人們常說「管理者生活在未來」的原因。

(3) 要有人格魅力，具備可靠、隨和、自信等特質，讓員工更願意追隨。

(4) 要有卓越的能力以及豐富的經驗，這是管理者令人信服的基礎。

(5) 要有飽滿的熱情，願意並希望迎接挑戰，以此調動員工的挑戰欲望，進而實現更高的目標。

透過這五方面的人設修練，管理者才能講出好故事，在增強自身感召力的同時，將團隊凝聚在一起，讓團隊在正確的方向上持續成長，最終錘鍊出驚人的團隊力量。

07
最會講故事的企業

我司作為企業培訓產業的知名品牌，多年來聆聽了無數企業家的故事，也站在每個企業家的角度，為他們講好關於企業營運與未來發展的故事，正是因此，很多學員將我司形容為「最會講故事的企業」。

2020 年已經過去，若要為這一年選擇一個關鍵詞那大概就是「苦」了。

2020 年初時，大家仍然充滿希望地告別慘淡的 2019 年，期待 21 世紀第三個十年迎來一個好的開端。但突如其來的新冠疫情卻打了所有人一個措手不及，整個 2020 年都籠罩在新冠疫情的陰影下。

在這樣的背景下，我司也為疫情後的中小企業講述了一段充滿希望的故事。

2020 年，最苦的莫過中小企業：全年計畫被打亂，好不容易熬到解封的那一天，卻仍要面對新冠疫情反覆的趨勢和經濟下滑的頹態，中小企業的每一步都步履維艱在生死線邊徘徊，我們甚至可能不知道破產和明天到底哪一個會先來。

一項關於中小企業現金儲備的調查顯示，34% 的企業只能維持 1 個月，33.1% 的企業可以維持兩個月，只有 17.91% 的企業可以維持 3 個月。如今，新冠在疫情防控常態化的背景下，對大量中小企業來說，如果還不作出改變遲早會面臨滅頂之災。

1. 發現問題才能解決問題

中小企業在新冠疫情後究竟遭遇了哪些問題？企業又該如何面對這些問題、找到出路？很多企業都為此而苦惱。冰凍三尺非一日之寒，問題產生的原因絕不只是新冠疫情，我們必須深挖背後的原因才能找到出路，甚至轉危為機。

針對中小企業在新冠疫情後面臨的各類問題，我司流量系統專家導師小東就總結出了三大問題及形成原因。

(1)「苦賺差價沒出路」。很多企業的價值都局限在產品的使用價值上，這樣就很容易因為同質化競爭陷入價格戰的泥潭。而在這一問題的背後，則是企業將焦點聚焦在營業額和利潤上的差價思維，如果企業不改變這一思維模式，拓寬認知、不斷納新，即使沒有疫情，倒閉也只是時間問題，因為我們永遠無法賺到認知以外的錢，卻會遭遇認知以外的「降維打擊」。

(2)「固定資產難變現」。固定資產的前期投資極大，占用了企業大量的流動資金，但其價值卻只能透過折舊方式逐漸轉移到加工的產品中，只有當產品賣出去、換回貨幣資金後，固定資產的價值才能得以變現。因此，固定資產的變現能力極弱，很多企業卻熱衷於將大量資金投入到固定資產當中，因而導致企業抗風險能力被極大削弱。

(3)「不斷投資沒現金」。如今有一個普遍卻又奇怪的現象，越大的企業的現金流越是緊張，因為這些企業總是不斷在投資，拒絕「讓錢閒下來」。然而，現金流對中小企業來說是一個重要指標，也是其發展能力和抗風險能力的重要基礎。

要知道，只有擁有足夠的現金流，中小企業的良性高效發展才有了保障。

針對這三大問題，小東老師對很多實戰案例進行了深入剖析，啟示中小企業如何尋找應對之策，並總結出企業持續倍增的流量系統 ——「以使用者價值為核心形成競爭優勢和壁壘，最終形成自循環多角化變現的終極模式」。

2. 中小企業發展必備玩法

隨著時代的發展，增長越發成為企業發展的重要助力，在未來的商業邏輯裡，不會再有不注重增長的企業。任何一家公司，都必須學會藉助各種管道和玩法獲得使用者和收入的增長，否則將不可避免地被時代淘汰。

除了增長之外，管理系統專家導師小亮還具體闡述了關於如何解決企業管理難題的故事。小亮老師指出，管理者是管理之本，只有搞定自己才能夠搞定團隊。

基本每一個企業都在開會，但大多數企業的開會效率卻極低，究竟為什麼要開會？應該怎麼開會？什麼時候開會？企業要做到有效的上行下效、上傳下達，就一定需要一套完善的會議系統作為支撐。

小亮老師將這套會議系統的所有重點毫無保留地融為一體，從基本要求到底層邏輯事無鉅細。在這樣的故事中，學員企業完全可以拿來即用，並迅速看到員工狀態的變化，人好了，團隊狀態上來了，業績也就不再成為問題。

同時，股權機制系統專家導師啟宏老師針對中小企業的特點，總結出中小企業股權分配的技巧和禁忌。

3. 學習突破認知邊界

中小企業家的思維高度決定了企業能走多遠。一個企業發展需要的不僅僅是資金、管理和資源，隨著時代的發展，企業需要更新的內容將越來

越多，而其中一個核心要素則是企業家的思維，只要企業家能夠學習突破認知邊界，那其他的更新內容只需按部就班地進行即可。

長期以來，社會上的任何聯盟、商會、協會幾乎都以利益為目標，卻並不具備良性的發展體系、雙贏體系和機制，所以很多企業即使抱團取暖、度過寒冬，但當下一次危機到來時，「死亡」的機率仍然只增不減。

在數位經濟的發展浪潮下，面對後疫情時代的背景，我司為民營企業提供了一條「抱團取暖」的雙贏之路，共同抵禦時代危機，開啟民營企業新未來。

疫情不是企業倒閉的託詞，經營不善也不能成為處境艱難的藉口，只有不斷學習最新最實用的企業管理知識，不斷豐富自身，企業才能長盛不衰。

後記

　　出身普通家庭的我，在大學學測結束後堅持去大城市求學。那時我就在想：很多人雖說是在上大學，但只是度過 4 年渾渾噩噩、放飛自我的人生。然而一切本不該如此，大學是每個人積極索求、累積經驗的重要時間視窗，如果將這些留待畢業後再逐步摸索，那我們的人生進度也等於在這 4 年按下了暫停鍵，4 年時間不過虛耗⋯⋯

　　因此，在大學期間，我對一切知識與實踐都如飢似渴，我加入學生會、社團，尋找各種實踐機會並總結經驗、分享感悟。值得慶幸的是，雖然在這期間頗多坎坷，但我在精神上卻感到無比的富足。

　　畢業前夕，我為自己設計了不同的人生經歷，以求看到這個世界不同的形態。比如，獨自去當工人，感受工作的不易；去外資企業，幫助其提升理財業績；到商務會所了解花花世界，體悟不同人生。尤其是在畢業後的第一段實習經歷中，我加入了一家以文化為驅動的電子商務機構。在這裡，我體驗到了世界 500 強企業的文化氛圍，此前我從未想過一家企業會形成一種融合了家庭與學校的文化氛圍，每天都有老師帶隊學習並形成回饋、交流溝通，每個企業成員都在共同成長、共同學習，而在這樣的文化氛圍下，企業的發展與員工的成就也都水到渠成。

　　直到此時，我終於對有了更深的感悟，而不再只是一個年輕人一廂情願的念想。而我也由此確定了屬於自己的「青山」——教育事業，我要透過教育培訓幫助更多企業及其面對的眾多客戶，並藉此幫助更多員工及其背後的更多家庭。

　　帶著這樣的信念，我來到了上海，加入了一家教育機構，在這裡，我

後記

遇到了我最重要的合作夥伴 —— 沈柏鋒和一幫志同道合的兄弟；也是在這裡，我們將「成就員工」的課程做到了數一數二的級別。我堅信，這樣的團隊、這樣一幫人才，必然能夠成就一番偉業。在這樣的信念堅持下，我們確立了三度集團的使命、願景和價值觀。三度集團的使命是為推動企業做強做大而奮鬥終生，願景是成為中小企業首選商業管理學院，價值觀是有態度、有深度、有厚度。

與其他企業不同，三度集團從成立之初就不是為了盈利，而是大家共同信念與願景的實現載體。我們推出了「守護者家園」計畫，每位三度集團成員都能得到覆蓋上中下三代的福利保障：對上，三度集團每個月都會發給員工父母養老金；對中，三度集團為每位員工購買了完善的人身保障保險；對下，三度集團則提供員工子女上學的學費。

三度集團成立至今，我們為上千家企業提供了企業諮商服務，也近距離見證了各大品牌的崛起。

多年來，我看到了三度團隊的不斷強大，也對當初確立的信念感到自豪。多年來，三度集團當然也曾遇到自己的發展瓶頸，但我們卻始終堅守這份信仰。

我仍然記得，在 2020 年新冠疫情暴發之初，每家企業都遭遇了嚴峻的挑戰，三度集團也同樣如此，其現金流也只能熬過半年到一年而已。在那時，我們核心成員就聚到了一起，我們很清楚，我們與三度已經融為一體，此時正是共甘共苦的時候，因此，我們一致提出「停發薪資」的倡議，等新冠疫情過去後看三度集團盈利情況再發放薪資。

新冠疫情以來，我們也接觸了很多企業，有的企業陷入了更大的困難，在生死存亡之際，員工卻很直接：「不發薪資我就走了。」很多企業由

此倒下，但相對地，同樣有很多企業堅持了下來，甚至在新冠疫情中轉危為機、逆勢前行。這其中的區別，是企業文化的力量在發揮作用。

正是在企業文化的傳播中，三度集團其他的策略合夥企業也受到了三度集團「停發薪資」故事的影響，他們的員工與企業也積極響應，向老闆提出了「停發薪資」的倡議，大家心連心、手牽手地面對挑戰、攻堅克難，在共患難中互相成就，最終實現了企業發展、員工成就和更多人的價值實現。

毋庸置疑，在新的發展態勢下，企業發展將面臨更多挑戰，每個艱難存活下來的企業都要考慮下一步該如何走，如何在危機中實現更大的成就 —— 喘氣休息的時候還沒到，我們還要繼續前行。

正是因此，我決定對過去數年的經驗進行總結，用這本書幫助大家梳理企業文化的相關內容，幫助讀者朋友成就一家上下同頻的企業，並幫助企業和員工形成正確的世界觀、人生觀，並在更高的格局上確定自己的人生使命，用更強的信念實現自己的人生價值。

徐耀東

文化鑄魂，開創企業與員工的無限潛能：
成就夥伴就是成就自己，從內部凝聚力到外部競爭力的全面提升

作　　　者：徐耀東
發　行　人：黃振庭
出　版　者：財經錢線文化事業有限公司
發　行　者：財經錢線文化事業有限公司
E - m a i l：sonbookservice@gmail.
　　　　　　com
粉　絲　頁：https://www.facebook.
　　　　　　com/sonbookss/
網　　　址：https://sonbook.net/
地　　　址：台北市中正區重慶南路一段
　　　　　　61 號 8 樓
8F., No.61, Sec. 1, Chongqing S. Rd.,
Zhongzheng Dist., Taipei City 100, Taiwan

電　　　話：(02)2370-3310
傳　　　真：(02)2388-1990
印　　　刷：京峯數位服務有限公司
律師顧問：廣華律師事務所 張珮琦律師

定　　　價：375 元
發行日期：2024 年 08 月第一版
◎本書以 POD 印製
Design Assets from Freepik.com

國家圖書館出版品預行編目資料

文化鑄魂，開創企業與員工的無限
潛能：成就夥伴就是成就自己，從
內部凝聚力到外部競爭力的全面提
升 / 徐耀東 著 . -- 第一版 . -- 臺北
市：財經錢線文化事業有限公司，
2024.08
面；　公分
POD 版
ISBN 978-957-680-934-7(平裝)
1.CST: 企業管理 2.CST: 組織管理
3.CST: 組織文化
494.2　113010701

電子書購買

爽讀 APP

臉書